贰阅 | 阅爱·阅美好

让阅读走心
让阅历丰盛

资深心理师育儿手记

（0~3岁）

胡慎之　曾路◎著

北京联合出版公司
Beijing United Publishing Co.,Ltd.

图书在版编目（CIP）数据

资深心理师育儿手记 . 0 ～ 3 岁 / 胡慎之 , 曾路著
. — 北京：北京联合出版公司 , 2021.7
　　ISBN 978-7-5596-5189-1

　　Ⅰ . ①资… Ⅱ . ①胡… ②曾… Ⅲ . ①婴幼儿心理学
—通俗读物 Ⅳ . ① B844.12-49

　　中国版本图书馆 CIP 数据核字（2021）第 059367 号

资深心理师育儿手记（0 ～ 3 岁）

作　　者：胡慎之　曾　路
出 品 人：赵红仕
选题策划：北京时代光华图书有限公司
责任编辑：徐　鹏
特约编辑：袁艺丹
封面设计：零创意文化

北京联合出版公司出版
（北京市西城区德外大街 83 号楼 9 层　　100088）
北京时代光华图书有限公司发行
北京晨旭印刷厂印刷　　新华书店经销
字数 229 千字　　880 毫米 × 1230 毫米　　1/32　　10.25 印张
2021 年 7 月第 1 版　　2021 年 7 月第 1 次印刷
ISBN 978-7-5596-5189-1

定价：58.00 元

目
录

第一章　心理自闭期：
婴儿期建立的安全感关系到一生的幸福（第1个月）

第二章　心理共生期：
陪伴宝宝形成充满信任和爱的人际关系模式 （2～5个月）

第三章　心理分化期开始：
让宝宝有自我满足的能力，形成独立的人格 （6～10个月）

第五章　心理分化矛盾期：
让宝宝在支持性的环境中建立自我 （1岁5个月~2岁半）

第六章　心理走向独立：
　　　　培养人格独立、稳定的孩子 （2岁半～3岁）

自
序
一

种豆得豆

古语说，三岁定八十。从心理发展的角度看，这句话
基本是对的。0~3岁，是人生中最重要的阶段，而这个
阶段，恰恰是被很多家长忽略的。

心理健康，人格独立、稳定的孩子一定会有大未来。
在我的职业经历中，我发现许多人成年后患上心理疾病的
根本原因是其3岁以前被照料的方式以及与父母的关系模
式存在问题。很多求助者在与他人的关系中，尤其在亲密
关系中，重复演绎着原始的、与父母相处时的关系模式。
如果一种关系模式一开始就是病态的，那么这种关系模式
很难在日后变得健康。

一些父母之所以会用病态的照料方式照顾孩子，与孩

子形成病态的关系模式，是因为这些病态的照料方式和关系模式早已存在于他们的内心，他们只是将这些方式和模式复制到与孩子的关系中而已。因此，父母能否意识到自己的病态心理，会直接影响到孩子能否健康成长。

作为父母，我们都会学习如何培养孩子，但无意识的力量是强大的。经常有父母对我说，道理我都知道，但我有时控制不住自己的情绪和行为。对了，这就是无意识的力量，它在我们的内心产生作用，让我们无所适从。我们没有意识到这些时，是几乎不可能做出改变的。只有父母开始意识到问题可能存在于自己身上而非孩子身上，并且有意愿和勇气面对自己身上的问题时，改变才会发生。那时，我们才不会把自己无力解决的内心冲突强加到孩子身上，才不会通过让他们符合我们的期望，来缓解我们的焦虑。健康关系中的孩子才能有健康的人格。

作为心理师，我非常认同一句话：一个焦虑的母亲和一个缺席的父亲，几乎百分之百会培养出有情绪障碍的孩子。是的，焦虑的母亲对应的可能是缺席的父亲，缺席的父亲往往会让母亲焦虑。在传统的理念中，养孩子似乎更多是母亲的责任。这样的观念不是一朝一夕可以改变的，也正因为如此，母亲对孩子的影响更大了。

母爱之所以伟大，是因为母亲会给孩子的成长提供最原始的满足：生理满足、安全满足和爱的满足。按照马斯洛的需要层次理论来说，这三种满足保证人的根本需要。假如这三种满足存在缺陷，那么得到尊重满足和自我实现满足会变得比较虚幻，这就好像不打好地基就很难建起一栋稳固的大楼。

3岁以内的孩子会在生理需要和安全需要获得保障的基础上发展

自己，探索世界。而爱是让孩子获得生理需要和安全需要满足的前提。对着一个刚出生的婴儿，或者一个 3 岁的孩子说爱，都是没有任何意义的，哪怕对一个成年人说爱，也是没有意义的。只有能真切地体会到的爱才是有意义的。

许多人虽然想爱或者想被爱，但不知道怎么爱；也有人对爱不信任，虽然嘴上说着爱的词语，但心中感受到的爱苍白无力。这是为什么呢？原来，他们与其他人之间爱的关系从开始建立时起，就包含对爱的误解。而这种对爱的误解，在他们 3 岁之前，就已经存在了。也就是说，受与照料者的关系的影响，他们心中的爱在他们年幼时就被扭曲了。婴儿的心就像一张幻灯片，我们在上面写什么，就会呈现出什么，而且我们记录在其中的内容会被放大。

爱是被满足的感觉，恨是在挫折体验中感到无力后的必然情绪反应。一些孩子在 3 岁以前，就已经有过无数次类似的挫折体验，他们在内心建立起与这些挫折体验对应的情境性模式，而且这些模式会被定格在他们的无意识中。当他们再处于类似的挫折体验情境中时，他们就会产生相应的情绪反应。一个 30 岁的男人遇到妻子晚归时，也可能会产生他 2 岁时妈妈不在他身边的情绪反应。他的感受也是无力、恐惧，但为了获得控制感，他会直接表现出无法控制的愤怒，这是因为他希望获得力量，愤怒可以让人感觉自己有力量。

有一句话是这样说的：你的内心世界是怎样的，你以外的世界就是怎样的。孩子的内心世界是在和父母的互动中建立的。他们体验到的爱的关系是怎样的，就会在日后把自己与其他人的关系处理成他们曾体验到的那样。

3 岁以内的孩子的感受都很纯粹。一个眼神、一个细小的动作都能让他们感受到对方是否爱自己。有些孩子只认妈妈，对周围的其他人都很敏感，这就说明这些孩子没有安全感，不信任其他人。

市面上有很多有关育儿的书，但很少有书特别关注婴儿和父母之间的关系，尤其是和母亲之间的关系。有一些书也会关注关系，但其中的内容大多是告诉父母怎么做，缺少对父母的心理和孩子的心理发展之间关系的阐述。

我一直希望能写一本从母亲、孩子和心理分析三个角度探讨幼儿心理发展的书，上天给了我这样的机会。在这本书中，我从妻子、小豆子和心理师的角度分析了小豆子的心理发育和发展。

非常感谢妻子的配合。也感谢我的小豆子在不知情的情况下成了我的研究对象。

自序
二

和孩子共同成长

我一直认为做父母是我们再一次成长的机会，当然也有可能是一场悲剧的开始。

据调查，产妇患产后抑郁的发生率为 20% 左右，也就是说，100 名产妇中就有大约 20 人在生完宝宝后会患上产后抑郁。

早年，人们可能都没太听说过这种疾病，但这并不代表它不存在，只是因为许多人都不认为产后抑郁是个需要关注的问题，所以没有给予它特别的关注和重视。如今，随着这一问题逐渐受到广泛关注，我们也更清楚做妈妈既可能会帮助女性自我成长，也可能会激发隐匿在我们日常生活中的悲剧。

我们在养育孩子的过程中会受到许多来自社会、家庭、自身的压力，会产生许多有关亲子关系、家庭关系的困惑，自己幼年时的创伤体验也有可能全部被激发出来。有些体验可能会转化成好的育儿经验，有些体验可能会带给我们无比糟糕的感受。所以，太多的妈妈在育儿之路上充满焦虑，许多时候，这种焦虑已经超越正常焦虑情绪的范围。

因此，如何从一名焦虑妈妈转型为好妈妈，成了我研究的课题。

孩子在父母的陪伴和保护下慢慢地成长起来，我们要尊重孩子在成长过程中的愿望。然而，有些妈妈会按照自己的想象塑造孩子。

比如，有些妈妈特别希望自己的孩子听话，因为孩子听话对妈妈来说是最好的，可以满足妈妈的掌控感。这些妈妈为什么需要获得这样的掌控感呢？因为这种可控制的感觉可以帮助她们抵消焦虑感、不安感。孩子听话，可以帮助她们应对世界不可控的担心和害怕。因此我常说，有时候妈妈是需要孩子的照顾的。然而，这样的妈妈显然不是好妈妈，她们在用生命影响生命。

生下孩子，女性就成了妈妈，但若想成为好妈妈，还需要妈妈们不断地觉察自己、不断地学习。

在孩子的每个成长阶段中，他们所需要的东西都是不同的，妈妈能做什么、妈妈的功能是什么也是在变化的。想做好妈妈，就一定要学习，就要对孩子的成长规律有所了解，要能够客观地审视自己与孩子之间的关系模式。我们要承认自己在心中对孩子的期望，也要鼓起勇气面对我们心中被隐藏或否认的情绪、情感。

爱的前提是真诚，如若不然，爱就是忽悠人的。真诚的爱会通过我们的内心、身体、态度传达出去，自然地流露。

我认为，爱是一种能力，能够感受到爱的孩子情绪稳定，对世界充满好奇，敢于探索，懂得分享自己的感受，有成为自己的意愿，并能在人际关系中良好地互动，与他人合作共赢。

如果某个孩子在这几个方面都非常棒，那就说明他的妈妈和他的关系是良好的、健康的，他的妈妈是好妈妈。

孩子就是妈妈的一面镜子，你的孩子会照出什么样的妈妈？

第一章　心理自闭期：
婴儿期建立的安全感关系到一生的幸福

（第1个月）

宝宝来了，柔软的襁褓代替了温柔的子宫，他每天躺在里面吃喝拉撒，什么也不理会。这种自闭的情况大概会持续一个月，当然也有宝宝的自闭期会持续两三个月。这个时候的宝宝几乎意识不到其他人的存在，活在自己的世界里。当然，他们也得先学会在外面的世界生存。

　　在这个阶段，宝宝和妈妈是一体的，宝宝分不清自己和妈妈。妈妈需要成为"完美妈妈"，变成宝宝肚子里的蛔虫，满足宝宝生理和心理的需要。

1.1 我来了
——不要随意评价宝宝的外貌

豆妈记录：爱之初体验，很复杂 ／ 第3天

　　我们张开双臂等待许久的小豆子终于来了，不由得喜极而泣的是豆爸。我不太激动，当豆爸眼泛泪光的时候，我正躺在床上睡得像头猪，经历着剖宫产麻药带来的后续影响。

　　我清醒过来时，豆子外婆把裹得严严实实、睡得昏昏沉沉的豆子抱到我跟前："看看，这是你儿子。"我真想再昏睡过去。这家伙真不好看，皮黑，毛多，眼角、眉梢上都长着绒毛，没有高鼻梁，没有瓜子脸，眼睛闭着，我看不出他的眼睛是大是小，但绝对没长出我想象中很有魅力的双眼皮。

　　我曾经以为，我生的如果是儿子，肯定很帅、很迷人，因为他会随我（根据"儿像妈"的传说），那样的话，他就会长得浓眉大眼，他的眼窝会有点深，鼻头会有点翘，嘴唇翘起会有点性感，哈哈，充分自恋一下。可是，我的幻想从看到豆子的那一刻起就破灭了。当豆子醒来，欣然张开双眼时，我不禁一惊：我的天，好小的眼睛……真的像豆子，而且是绿豆。

纵使豆子的五官还没长开，还是有无数参观者发出由衷的感叹：真像爸爸啊！他们俩简直是一个模子里倒出来的。这就可以解释为什么豆爸接过豆子时会喜极而泣了，那么像自己的一个小人被制造出来，真切地感受到血脉相承，多么有成就感！

好了，不说豆子的坏话了，他刚出生时的确不好看，但我可以证实，儿大十八变，越变越好看。

我呢，是新手妈妈，对母亲的角色很陌生。我仔细地端详豆子，想确认他是我儿子，想从他的脸上找出跟我相关的信息。可是他瞧也不瞧我一眼，一直睡，一直睡，睡得天昏地暗，眉头微皱，小手握拳。他偶尔醒来时，只睁一只眼，发现我在小推车旁打量他，就有点漫不经心、有点傲气地斜我一眼，仿佛知道我从此就是他的随从。豆子长得不太像我，对我又这么不待见，而且剖宫产手术后的前几天我不能抱他，所以我对他很难产生传说中的那种爱不释手的感觉。

尽管豆子不太理睬我，但他非常需要我，我也要尽到一个母亲的责任。我敞开胸怀，欢迎豆子来吃奶。我第一次强烈地体会到我当妈了！新生的小豆子软软的、小小的，他依偎在我怀里，激起了我天赋的母性。因为伤口的原因，我只能侧着喂他。我躺在他旁边，努力把乳头往他嘴里递，豆子小口小口但很卖力地嘬着，我们就这样连接在一起了。

这种感觉真的很神奇。我认为，婴儿是在用他的小嘴嘬妈妈心中那扇门的锁眼，他一边嘬一边在心里默念"芝麻开门"，门就被打开了，哗哗，淌出一股温热的鲜奶。作为妈妈的我刚看到跟随了自己30年的乳头开始滴奶时，第一感觉居然是不好意思，我的羞涩还伴随着一丝惊诧，这身体真神奇啊，要什么出什么，这是怎么产生的呢？我思考了一下，便开窍了——这是爱的力量啊！

搂着小豆子，我心里荡漾着柔情，还滋生出了些许骄傲，这是我儿子。

当然，当妈的感觉不只有骄傲和满足。豆子出生的第3天，我终于有机会单独和小豆子共处一室，我却感到了一丝恐惧。

那时，豆子的外婆外公出去用餐，豆爸还没来。只有我一个人在病房里，哦不，还有小豆子。他很安静地躺在小推车里，闭着眼睛做他的春秋大梦。病房里很安静，一丝恐惧爬上我心头，万一豆子这个时候醒了，我该怎么办?! 我连抱他都不会，他那么柔软，怎么抱?! 他要是哭了，我怎么收场？我在心里默默祈祷："天灵灵，地灵灵，豆子不要醒，要醒也等你外婆回来再醒。"还好，豆子的外婆外公很快就回来了，警报解除。我不知道这种怕单独和儿子待在一起的感受别人有没有过，但它留在了我心底。

爱之初体验很复杂，儿子来了，一切才开始。

心理师爸爸的分析：为补偿分离，宝宝需要一个"足够好的妈妈"

分离的感受，是宝宝来到人世后第一时间出现的心理感受，这注定他的一生都将致力于建立关系，使自己不被孤独包围。从初次见到宝宝起，父母给予宝宝的评价，将影响宝宝内心的核心价值感。

当小豆子来到这个世界上时，他和豆妈都经历了分离，这是生命中非常重要的过程。分离，不是一个负面的词语，它意味着很多。

◇ 出生是生命中的第一次分离

我们用爱迎接生命，也就是要消除恐惧——生命中第一次分离带来的恐惧。

恐惧，是人最初的情感或者情绪体验。不仅人有这样的情绪，所有动物都会产生这样的情绪。恐惧，可以使我们避免被伤害，是我们保护自己时被激发出的情绪。在恐惧的情绪下，我们可以避免许多危险伤及自己。恐惧，就如同我们在某些情况下会产生疼痛感一样，我们能够感受到疼痛，因而可以避免许多伤害我们身体的事情发生，同样，恐惧的感受是为了保护我们自己而存在的。

分离，给人们带来最初的恐惧体验。而这种体验会时不时地出现，一直到我们生命结束。

我们对分离的恐惧源于在分离的过程中遭受的创伤。刚出生的宝宝虽然没有认知，也几乎没有意识，但他们的原始感受与成人是相同的，也会感到恐惧、孤独、饥饿、寒冷等。

对于豆子来说，在子宫里的感觉实在太好了，要什么有什么，我们成年后理想中的"安乐窝"就是能让我们产生子宫般体验的地方，那里完全按照我们的喜好而设置，会让我们得到即时的满足，没有任何让我们感到不舒适的部分，当然，最重要的是绝对安全。豆子刚刚从母亲的子宫里出来，这个世界上的一切对于他来说都是新的。

◇ 补偿分离感，宝宝需要一个"足够好的妈妈"

我们需要明白，在孩子的每个成长阶段，妈妈的功能是什么。如果妈妈的这些功能是完善的、没有缺失的，那么妈妈给孩子的一定是非常安全的环境，孩子也会在成长的过程中具备好的性格基础。孩子将来的创造力、专注力、体验安全感的能力、处理人际关系的能力会随着妈妈的功能完善而增强，他会从妈妈那里获得他需要的能力。

我一直认为，妈妈要从孩子呱呱坠地的那一刻起，帮助孩子建成一座相对稳定的人格大厦。

孩子身上的许多特质是妈妈赋予的，是在妈妈跟孩子的互动中产生的。豆子经历了他无法抗拒的分离过程，这让他产生了强烈的恐惧感和焦虑感。周围的温度、湿度、声音和养分来源都改变了。他很想回到那个曾经让他很舒服、不会感到恐惧的"极乐世界"里。所以，在豆子刚与妈妈分开的时候，妈妈（照料者）需要给他创造一个接近于"子宫"的环境。这就需要妈妈成为一个"足够好的妈妈"。

"足够好的妈妈"，就是能在第一时间满足婴儿需要的妈妈，这在婴儿早期的心理发展过程中，尤其在孩子1岁以前，非常重要。婴儿不会通过语言表达，他们只能通过哭来表达自己的需要。而哭就是信号，饿了、冷了、拉臭臭了而产生的生理需要都要被及时满足。

一般来说，"足够好的妈妈"要扮演三个角色。

第一个角色是主要养育者。 对 0~6 岁的孩子来说，妈妈的主要养育者角色是非常重要的。人第一次感受到的伤害往往不是来自环境，而是来自主要养育者。在许多情况下，主要养育者给孩子带来的伤害最直接、最深。主要养育者需要保护孩子，因为孩子太小，需要主要养育者保护的时候有很多。

第二个角色是陪伴者。 在陪伴的过程中，陪伴者要分清楚谁是主角。许多妈妈在陪伴时更像是主导者或侵入者。明明是妈妈陪孩子做模型、搭积木，孩子是活动中的主导者，但有的妈妈会非常着急，在孩子遇到一点困难的时候，就一定要帮忙，对孩子说"你怎么这么笨啊，这都不会，我来帮你"。有这类言行的陪伴本质是一种入侵。许多大一点的孩子在外面受了委屈，回到家想跟妈妈说说时，只希望感受妈妈的陪伴，但一些妈妈总忍不住给予孩子意见，主导孩子的想法。所以，在陪伴孩子的过程中，有入侵言行的妈妈就不是好的陪伴者。

第三个角色是倾听者。 倾听意味着把孩子当作个体。妈妈学会倾听对孩子来说也是非常重要的。有时候，孩子只是想表达一下他当时的感受、对一些事物的看法或情绪，如果妈妈不能很好地倾听，就感受不到孩子话语背后的情绪，而这些情绪就可能会慢慢变成躯体上的症状。

◇ **坐月子有助于打造"足够好的妈妈"**

分离一定是双边的，不仅新生儿会因为经历人生中最重要的分离而产生一些情绪，妈妈也会因为这样的分离而产生复杂的感受，这些感受可能会妨碍她们成为"足够好的妈妈"。比如豆妈便因为生产过程中身体的损伤以及产后的虚弱感、分离感和被掏空的感受等，不能很快对孩子产生强烈的爱，也不能很快适应妈妈这个新角色，这就可能给孩子带去最初的伤害体验。

怎样才能迅速让新妈妈从分离情绪中抽离出来，变成"足够好的妈妈"呢？传统的"坐月子"不失为一个好办法。从某些角度上说，坐月子会给母亲与婴儿提供足够多的相处时间，给女性一个充分感受被尊重和爱的机会。在坐月子的过程中，女性可以继续受到怀孕时的独特照顾，她们的焦虑和恐惧得到充分缓解。妈妈在情绪和身体相对比较稳定的状态下，才能更好地照料婴儿。这很符合人的心理发展过程——妈妈有良好的生理和心理状态，才有能力做"足够好的妈妈"，才能使婴儿获得足够多的生理和心理上的安全感。这时，为了照顾好刚生产完的妈妈和新生儿，多点人帮忙就显得很重要。

什么是原初母性关注？是指妈妈将自己完全奉献给新生儿的心理状态。很多妈妈的问题从怀孕时起就产生了。孩子即将到来时，妈妈的身体、心理都开始发生变化，她们会将自己的角色调整为妈妈，愿意全身心地为婴儿奉献。原初母性关注一般是在新生儿出生后一周之内就开始存在了。

◇ 从宝宝出生时起，帮助宝宝建立核心价值感

"足够好的妈妈"从一开始就要为宝宝建立核心价值感。

所谓核心价值感，就是指一个人在自我价值判断的基础上对自己的态度与情感。一个核心价值感高的人，总是自信、快乐，从不怀疑自己存在的意义、价值；一个核心价值感低的人，总害怕被别

人否定、抛弃，无论取得多大的成绩，都会深感焦虑。

一个人的核心价值感的建立与其幼年生活密切相关，尤其与他生命之初的体验密切相关。婴幼儿对自己没有评价，他们对自己的评价往往来源于别人的评价。如果一个孩子从小就被细心的呵护、充满爱的注视、发自内心的欣赏包围，他一般不会怀疑自己的价值。如果他刚来到这个世界上感受到的就是忽视、冷漠、嫌弃，甚至责骂，他就不可能相信自己是有价值的。

曾有一位35岁的女性来我的咨询室求助，她被诊断为患有焦虑症和抑郁症，但她并不能找出让自己产生焦虑和抑郁情绪的原因。她的事业不错，得到很多人的认同，丈夫对她也挺好，与孩子的关系稍微有点问题，但她并不认为那是影响她情绪的主要原因。随着我们的讨论不断深入，问题的关键慢慢地浮现出来，那就是她的核心价值感有问题。她是家里的老二，上面有一个姐姐，下面有一个弟弟。父母在生了姐姐后想要个男孩，所以她出生的时候家里没有任何喜悦的氛围。特别是母亲，因为没有为家里生个男孩，在产后没有获得足够的照顾，情绪很糟糕。家里一度想把她送人。

她在无意识中接受了"我是没有价值的，我的存在给父母带来很多麻烦"，所以她开始了为消除这样的感觉而奋斗的一生。她用为家里分担家务、照顾家人、取得优异成绩等方式讨好父母，希望获得父母的认同，从幼年到成年，她一直处于这样的状态中。她不能接受自己有哪一点不如别人，什么都很要强。只要有一点不如别人，她就会自责、愧疚。这正是她内心深处焦虑的原因。她害怕自己没有用，害怕被别人抛弃，害怕自己没有价值。

　　豆妈希望豆子长着高鼻梁、瓜子脸、双眼皮，所以当她看到小眼睛的豆子时不免有点失望，我深知，这种情绪可能会妨碍孩子建立自己的核心价值感，于是连忙告诉她，豆子多么可爱。

　　好在豆妈对豆子的负面评价只是一闪念，她很快就以一个"足够好的妈妈"的标准来要求自己。尽管豆妈产后很虚弱，但豆子一啼哭，她就立刻奉上自己的身体。这就是母亲爱孩子的表达，我在一旁很感动。

　　母爱是"舍己为人"的，这也正是母爱的伟大之处。

1.2　幸福的月子，踏实的豆子
——原始安全感影响孩子的一生

豆妈记录：幸运，豆子是个不哭不闹的乖宝宝　╱　第 10 天

　　我发觉，生孩子是件很愉快的事，不像别人说的那样。大家都说，生孩子很辛苦，孩子生下来以后会更辛苦，好多新妈妈恨不得把刚生出来的宝宝重新塞回肚子里。我却没有这样的想法，干吗要塞回去呢。每天看豆子吃吃喝喝，在他睡着的时候研究一下他的小脸蛋，多有乐趣啊！

　　可是，我们院儿里的果果妈和安安妈不同意我的想法。果果和安安是和豆子同月出生的两个女宝，她们俩确实不让她们的妈妈省心，每天要哭好几次，而且每次都能声音嘹亮地哭够半个小时。两个宝宝白天哭得好像还没那么厉害，一到夜里，那音响播放一般的效果，简直让她们的爸爸妈妈无奈至极！安安宝贝尤其厉害，会哭得声嘶力竭，小脸儿憋得通红，经常哭到接不上气来，让人看着揪心。这俩女宝都得在大人抱着时才消停，所以她们的妈妈和外婆要整夜轮换着抱她们。哎，宝宝这样，真是好让人心焦。

得知与豆子同龄的宝宝的状况，我十分庆幸自己运气好，俺家豆子那个乖啊！一般来说，豆子有需要的时候就咿咿呀呀地哼唧两声，偶尔等奶吃的时间长点儿，会来段儿洪亮的。豆子满月时，给豆子剃胎毛的阿姨听见豆子的哭声说："很斯文啊，像个女孩子。"豆子在大部分时间里会安静地呼呼，醒来时也不闹，他总是平静地看我和豆爸在他跟前表演、献媚，眼睛倍儿亮。

月子里的豆子真的很好养。究其原因，还要感谢豆爸和我自己。

其一，豆爸和我身体健康，吃嘛嘛香，这为豆子的身体打下了扎实的基础。

其二，豆爸和我早在豆子还是胚胎的时候就开始为他建立安全感了。

回顾整个孕期，我的心理状态一直比较平和，我的心情以憧憬、愉快、淡定为主。偶尔感到焦虑、烦躁，我会及时向豆爸倾诉。托豆爸具备专业心理咨询师素养的福，他总能见招拆招，化解我心中的负面情绪。而且，豆爸很注意消化工作带给他的压力，从不将负面情绪带回家。

值得多记一笔的是，作为专业人士，豆爸的眼光和行为都很有前瞻性。在我怀孕期间，我曾要求豆爸洗碗、扫地，想借豆子的东风充分"奴役"豆爸一把，但被豆爸严词拒绝了。他说："这是为了预防你将来得产后抑郁。知道产后抑郁是怎么来的吗？原因之一就是产后承受不了待遇突然变化，心理落差太大。"他坚持要我过平常的生活，保持平常的心态。我也坚持认为这是他想要偷懒的学术借口。不过我承认，从事实的角度看，这个借口还是有一定道理的。

其三，我在月子里感受到的幸福，让我有足够好的心情养育豆子。

说起这一点，就一定要感谢豆爸和我爸爸妈妈了。我产后的第二天早晨，豆爸从家里赶来，为我送鱼汤。他推开病房门时，一大束鹅黄色的迎春花先进来了，那个娇嫩欲滴，我感动得要死。我很意外，很意外。这个牛高马大的男人细心起来不得了，不仅带来了新鲜的花，还自备了漂亮的玻璃花瓶，有点凉意的病房里顿时充满了春意，哪儿还有什么抑郁呢。老公一束花，抑郁散光光。

闺中密友打来关切的电话，怕我产后出现情绪频繁波动的状况。根据她自己的经验，大多数月子里的女人都很敏感，遇到一点小事就会想很多，还净想不好的。可是我真不这样，老公关心我，爸爸、妈妈无微不至地照顾宝宝和我。除了吃、喝、睡、喂宝宝，就没啥需要我操心的事了。我的好情绪会感染宝宝，他也踏实着呢。

除了这三点外，为宝宝铺好安乐窝、多了解喂养宝宝的知识、沉着应对纷繁的小状况、及时满足宝宝的需要，都会给宝宝带来安全感，这里就不多说啦。

总的来说，妈妈具备良好的心态对宝宝来说很重要，爸爸也要有所贡献。

心理师爸爸的分析：如何为宝宝建立最初的安全感

父母要从宝宝出生起，就开始为宝宝建立安全感。宝宝在潜意识里是可以感受到一切的，父母的平和情绪、和谐关系等都将起到关键作用。

原始的安全，对于宝宝来说，太重要了。

这种安全不是仅指没有生命危险，而是生理安全、心理安全和环境安全的总和。一家人欢天喜地地迎接宝宝的到来，宝宝是会感觉到的。想让宝宝感受到安全，就要为宝宝创造具有安全感的条件。

◇ 妈妈的安全感高，宝宝的安全感也会高

在豆妈怀孕的时候，豆子就已经能感受到豆妈的情绪了。情绪反应会直接影响人体的体液平衡程度。心理会直接影响生理，这也是相由心生的道理。宝宝还未出生时，让宝宝与妈妈连接在一起的是脐带，脐带中流淌的是血液、淋巴液、组织液等。妈妈情绪不稳定可能引起神经系统、免疫系统等的反应，以及体内一些物质的释放。在妈妈肚子里的宝宝很敏感，吸收了这些因妈妈情绪不稳定而产生的物质后，自身就可能会不稳定。

所以，未出生的宝宝的安全体验来自妈妈的心理满足和生理满足，而妈妈的心理满足和生理满足大部分来自家庭成员的照顾、对爱的体验以及对自我情绪的调节。妈妈的心理调适对胎宝宝很重要。

孕期妈妈的心理状态，与别人对她的期待以及她自己对自己的期待有着必然关系。我们都知道，愤怒和焦虑的产生是因为期待没有被满足。愤怒是对别人的攻击，而焦虑和抑郁是把攻击的矛头转向自己。

如果家庭中的所有人都希望宝宝是个男孩，那么妈妈就会希望通过生个男孩来满足自己的价值感（当然，这本身就是一个问题），

也会害怕自己生的不是男孩。在这样的环境中，妈妈就会有强烈的焦虑情绪。但生男生女不是妈妈可以控制的，妈妈如果不知道如何调整情绪，就会感到很无力。这样的无力感会直接影响胎宝宝的发育，也会给胎宝宝带去不安全感。反之，如果妈妈的安全感很高，那么胎宝宝也一定能感受到许多安全感。

◇ 爸爸的陪伴和孕前的充分准备

怀孕的妈妈如果没有丈夫的陪伴，就会产生许多情绪反应。有句话是这样说的："一个焦虑的母亲和一个缺席的父亲，几乎百分之百会培养出有情绪障碍的孩子。"这句话虽然说的是一些儿童在成长过程中的现象，但也适用于形容一些宝宝还未出生的家庭的情况。

在夫妻关系不稳定的家庭中，有些夫妻会通过生个孩子来稳定夫妻关系。我不能评价这样的方式是对的，还是错的，但我并不认同这种做法。家族关系和家庭对孩子的期待会在孩子身上体现出来，这已经是不需要再证明的心理现象了。假如一个孩子在没有出生之前就背负上维护家庭关系、完成家庭成员对自己的期待的责任，那这个孩子在成长的过程中注定比其他孩子承担更多。

夫妻同心，其利断金。怀孕的豆妈如果感受不到我的爱护和体贴，就会有不被满足的感受。这种不满足会转化为愤怒或者抑郁的情绪。假如我和豆妈没有做好迎接这个新生命的准备，那么我和豆妈也就会陷入对未来的担忧。所以一个家庭在迎接新生命前要做好物质和心理上的双重准备。豆子是在一个相互协作，没有太多附加条件下出生的宝宝，他自然能体验到足够的安全感。因此，打算做爸爸妈妈的人要在备孕之前问自己几个问题：

一、我们真的准备好了吗？我们是否相爱？

二、疾病、灾难等都不会影响我们照顾孩子、爱孩子吗？

三、我们对于孩子的性别真的只是好奇而不是期待吗？

四、我们是在很自由、轻松的环境中决定要孩子的吗？

五、我们的家人是否也做好迎接新生命的准备了呢？

六、我们确定生孩子不是为了满足自己的"黑暗动机"（比如为了得到房子和金钱，为了更好地拴住谁，为了争取家庭地位，等等）吗？

如果你们问自己这些问题时，都能说"是"，那你们的宝宝就会有最原始的安全感。

◇ 产后抑郁，直接伤害宝宝的安全感

最能降低宝宝的安全感的，莫过于妈妈的产后抑郁症。如果妈妈每天情绪紧张，心中充满疑虑、内疚、恐惧，甚至感到绝望，离家出走，有伤害孩子或自杀的想法或行为，那么孩子心中的安全感降低就不难想象了。

妈妈患产后抑郁症的原因分生理和心理两个方面。在生理方面，怀孕时女性体内的雌激素水平上升，孩子出生后女性体内的雌激素水平较怀孕时又会明显下降，这种内分泌的急剧变化会导致忧郁情绪的产生。在心理方面，产褥期女性的情感处于脆弱阶段，生产1周后，情绪的不稳定性会更为明显，女性会因为不适应母亲的角色，心理压力大，进而出现抑郁、焦虑的情绪。事实上，引起产后抑郁症的心理因素和生理因素是不可分的。产妇的过度焦虑和抑郁也会导致其生理上的疾病发作。

很多女性都会在产后出现忧郁的症状。就像宝宝一出生就要哭泣一样，初为人母的妈妈难免会伤感。从孕期享受熊猫级别的照顾到生产后要去照顾一个肉乎乎的"小玩意"，这两者之间的差异会让妈妈产生无助、担心、失落等伤感的情绪，但是，这些往往并不足以造成真正的产后抑郁症。据报道，真正的产后抑郁症发生率为20%左右，从心理学的角度看，很多妈妈患上产后抑郁症都是因为她们内心有某些没有被处理的情结在一些情境中被激发出来了。

兰的女儿刚满4个月。在女儿刚出生时，兰的情绪还比较稳定。兰坐月子时感觉婆婆对孩子有点冷漠（因为婆婆更希望是个孙子，但还是接受了现实），所以兰对婆婆心存芥蒂。兰的丈夫工作比较忙，在兰生下女儿后陪了兰3天，就出差了。有一天晚上，兰看着女儿时，忽然产生一个想法——把女儿掐死。她被这样的想法吓坏了，但又不能对任何人说，因此，她自责、挑剔、无故地哭泣。她开始指责丈夫没有陪自己，指责婆婆对自己不好，指责身边的每一个人。她情绪失控的时候很多，还会在情绪失控时破坏家里的一些东西。

兰的丈夫不能理解她，这让兰更加痛苦。她一会儿像个无助的孩子，一会儿像个蛮横的泼妇。这样的状况持续1个月后，兰来向我求助。

我对兰的感受表示理解，并明确地告诉她，她的这些感受是产后抑郁症的症状。在后来的讨论中，兰说出了她心中恐惧的来源。兰是家里的第三个女儿，她的上面有两个姐姐，下面有个弟弟。父母都希望家里的第三个孩子是个男孩子，所以兰的出生令他们失望。这导致了兰从小自我价值感不高，她感觉父母并不是很爱自己。兰非常努力地证明自己的价值，忍辱负重地讨好身边的人。当她生了个女孩的时候，她内心的低价值感又一次被激发了，她不知道怎样处理内心的冲突，所以开始迁怒于身边的人。而兰之所以敢迁怒于这些人，是因为在她怀孕期间，家里人把她当作公主照顾。公主变回灰姑娘时，她体会到的挫折感太强烈了。

兰把所有事情明确地归纳为应该出现的和不应该出现的，因此，她在自己的幻觉和理智之间徘徊。这样的心理让她在委屈、愤怒以及自责的情感中纠结。这样的纠结让她无所适从，她更加期待身边那个"爱自己的丈夫"来帮自己解决问题。可是兰解决问题的方向错了，离答案越来越远，也给身边的人带来了很多烦恼。女儿出生后，她又一次把自己"变成"了不受欢迎的人，这好像宿命一般。

患产后抑郁症的原因和消除产后抑郁症的方案应该从妈妈自己身上找。对妈妈来说，这是很痛苦的，因此，寻求专业帮助很重要。当然，一些懂得自我觉察、自我调节的妈妈会自己修复自己的创伤。上述案例中的兰意识到自己的问题后，在医生的指导下通过自我调适，慢慢走出了产后抑郁的阴影，甚至修复了童年时期的创伤。

妈妈的安全感很大程度上来自家庭的支持。除了寻求专业帮助和学会自我觉察外，家人也要多给新妈妈营造轻松愉快的环境，比如尽可能周到地照顾新妈妈，让新妈妈少做家务活，与新妈妈一起承担照顾孩子的重担，多用笑脸和关怀让新妈妈感觉到温暖，等等。

宝宝的安全感是父母给的，原始安全感会影响宝宝的一生。患有精神疾病的妈妈可能会有患有精神疾病的孩子，这与遗传因素的关系很大，但也与这样的妈妈没有照顾孩子的能力有直接关系。没有能力照顾孩子的妈妈会破坏孩子的原始安全体验，而缺失原始安全感的孩子就有可能成为精神疾病患者。

　　相互理解、相互扶持的一家人，才会带给宝宝安全的爱。

1.3　香香的大乳房
——母乳喂养，给孩子一个不焦虑、不恐惧的人生

豆妈记录：母乳喂养，我可以做到 ／ 第 19 天

怀孕不仅带给我一个儿子，还让我超越了自我，我的胸围有了历史性的突破。我明白，这是爱的力量，正如席琳·迪翁那首震撼的 *The Power of Love* 那样！

豆子助我拥有了超自然的傲人曲线，非常感谢我的儿子。不过，有一点点遗憾的是，左右两边的胸部大小不是很一致，我管它们叫大乖乖和小乖乖。左边的是大乖乖，右边的是小乖乖。起先，我以为右边的乳房变小是因为它回过一次奶后产量减少。后来我在"民间私访"中发现，绝大多数妈妈都这样，有一种貌似比较科学的解释是：左边乳房靠近心脏，近水楼台先得月，获得的营养充分，所以更大。

每当我站在镜子面前为傲人曲线沾沾自喜时，豆爸都会不以为

意，并提醒：那是豆子的饭碗，请好生爱护，保证豆子的口粮充足。

这不是小瞧我吗？作为肩负哺乳重任的"奶牛"，我是非常优秀的，是有沾沾自喜的资本的。我的大乖乖和小乖乖非常负责，每次豆子有需要的时候，它们都争先恐后地供奶，使豆子感到非常满足。

豆子狂热地爱着大乖乖和小乖乖，具体的方式有两种：

一种是暴力式的。有时，豆子一贴近乖乖们就一阵乱拱，你见过饥饿中的小猪崽吗？他一边拱还一边用鼻子哼哼，就是那样。有时我故意不把乳头递到豆子嘴里，就为观赏他疯狂乱拱（妈妈用心险恶啊）。只见他眼睛紧闭，仅凭鼻子和嘴巴一通摸索，然后猛地一口咬住，死活也不松口，一边吸一边用手使劲推，仿佛正在搏斗。

还有一种是温情脉脉式的。有时，小豆子紧紧地含着乳头，眉宇间露出享受的神情，嘴里含着不够，两只小手还上来帮忙，轻轻捧住正在吮吸的乖乖，有时还摸啊摸的。

通常，豆子与乖乖们亲密接触20分钟后，脸上会漾出浅浅的笑容，表示奶足饭饱，这种表情带给我的是无限满足和丝丝骄傲。所以，我要代表豆子和我自己，感谢大乖乖和小乖乖，是它们让豆子体会到自己有一个好妈妈，也让豆子的妈妈我拥有了一个常让我自己感到心满意足的小豆子。

我想对所有的准妈妈和新妈妈说，用你们的母乳喂养宝宝吧，哺乳是上天和生命赋予妈妈的能力和权利，除非出现特殊情况，否则请不要轻易放弃。

母乳喂养受心理状态的影响很大。母乳喂养小豆子是我自己非常强烈的愿望，其原因就是我自己没有喝过母乳。在我出生的时候，我母亲因为大出血而无法母乳喂养我。这成了我生命中的一大遗憾，也是我母亲生命中的遗憾（当她和我说起这件往事时，语气中总带有淡淡的伤感）。

　　母乳喂养的生理优势我就不说了，妇产科到处可见的"母乳喂养好"的标语就可以作为力证。从心理方面的作用来讲，我自己就是活生生的缺乏母乳喂养的例子。我这辈子就好吃零食，包里、家里都有随手可触及的零食。我不仅经常吃，还会保证自己有足够的储备，没有零食简直会危及我心中的安全感，这种情况完全符合心理学家弗洛伊德口欲期理论。口欲期母乳的缺失，使我的嘴巴和心理很不满足，这给我打下了一个好吃的烙印，使我像啮齿类动物一样，不但常用食物磨牙，还喜欢储备食物。据说有好吃零食的习惯只是没有很好地度过口欲期的表现之一，在口欲期没有得到满足的人成年后还可能会喜欢唠叨、嘴碎得很、口若悬河、唾沫横飞，或者爱爆粗口，最后这种情况最糟糕，幸好我没有这样的表现。总而言之，我们天赋的权利若被剥夺了，就容易怀恨在心，落下病根儿。

　　爱吃零食的深层原因是缺乏母乳喂养，这影响了我们对基本安全感的体验。

　　虽然我没被饿着过，喝了不少奶粉，但是，再好的奶嘴、再好的奶粉能抵得上母亲丰满的乳房和营养充足的乳汁吗？不能。不可否认，我父母是标准的好父母，他们克服了许多客观不利因素，使我在没有母乳的情况下，仍然发育得茁壮、健康。但是，我的内心仍然无可挽回地留下了一些遗憾。

　　当然，我没喝上母乳的原因比较特殊，是不可抗的因素导致的，怪不得谁。但我说这么多的目的是告诉准妈妈和新妈妈，不要因为主观原因剥夺了宝宝喝母乳的权利，给自己和宝宝带来不必要的遗憾。

具备坚定的心理条件，会帮助妈妈们成功地进行母乳喂养。事实上，的确有很多妈妈在母乳喂养的过程中遇到了乳房不下奶、回奶、宝宝不配合等情况，但如果有可能的话，尽量想办法克服阻碍，实现母乳喂养。

母乳喂养豆子的过程也并非一帆风顺，大乖乖和小乖乖也曾遭遇困境。下面介绍一些能帮助妈妈们更顺利地进行母乳喂养的实用方法。

关于如何下奶。

剖宫产手术后，我昏睡的时间过长，没有第一时间与豆子亲密互动，乳房也迟迟不下奶。医生推荐我使用针灸催奶的方法，经实际体验，强烈推荐。针灸是我国传统医学的瑰宝啊，催奶效果令人惊叹。针灸师上午给我针灸，下午我就感觉乳房逐渐涨了起来，第二天再针灸一次，奶就呼之欲出了。（补充，针灸不痛，像被蚂蚁咬了一下。）

关于如何提升产奶量。

我们就不提普通的食补方法了，说说最经济且富有爱心的方法——多让宝宝吸。这样有助于按需哺乳，让宝宝在想喝时就能喝到。宝宝喝不饱必然要闹，一闹就把他抱起来喂。一般情况下，妈妈们都具备为宝宝提供充足母乳的能力，但由于妈妈们的身体状况不同，一些妈妈无法满足宝宝的奶量需求。催奶期间，只要宝宝有需要，每隔1个小时，甚至半个小时就喂奶都是可以的，坚持几天，出奶量就会有所增加。

关于如何对付涨奶。

因为鱼汤喝得过多，我的小乖乖一度涨奶涨得厉害，但我没有及时将多余的乳汁挤出去，所以小乖乖出现了回奶的情况。因为涨奶，我自己高烧39.2℃，小乖乖回奶后，也不出奶了。后来经有经验的人士推荐，我在涨奶时采用煮鸡蛋热敷的方法，颇有功效。将两枚水煮鸡蛋剥壳后，趁热放在乳房上，从四周向乳头的方向滚动。要耐心一点，两枚不够就用3枚，3枚不够就用4枚，滚到硬邦邦的乳房变软为止。

另外，还可以采用梳齿很密的木梳，在涨奶的部位反复梳通，一样有效。

不管用什么方法，妈妈们都要有耐心和坚定的意志，"有志者奶竟成"。

这些是我的亲身体会，分享给大家，希望看到的妈妈们都能切身体会到母乳喂养的愉悦，给宝宝们充满满足感的口欲期。

心理师爸爸的分析：母乳喂养，为了宝宝的心理健康

宝宝在生命最初的几个星期里，还不能与他人互动，只能对他人的某个部分，比如一只乳房或一只手产生反应。母乳喂养就成了宝宝在这个阶段最不可缺失的满足感来源。人成年以后的一些不良行为往往与母乳的缺失有关。

经常有妈妈问我，为什么自己的孩子有"恋物癖"。说来很有趣，很多妈妈嘴里的"恋物癖"其实是孩子一直非常喜欢某个物件，这

些孩子连睡觉的时候都要把自己喜欢的那个物件放在身边。其中多数孩子喜欢毛巾，而且有咬毛巾的习惯。一条毛巾往往陪伴孩子一直到青春期。不过，这些孩子算不上有真正的恋物癖，她们的说法只是她们的担心而已。

我也很有兴致地做了一次调查，发现有上述喜好和习惯的孩子，绝大多数在婴儿时期不是母乳喂养的。这让我想起了一个曾向我求助过的真正的恋物癖患者。

他叫牛牛，是一个16岁的男孩子，175厘米的个头，很帅气。牛牛妈妈发现牛牛不能很好地集中注意力，并且有偷女性内衣的不良癖好，所以带他来向我求助。

牛牛妈妈是一个美丽的女性，快40岁的人保养得就像刚30出头一样。通过观察，我发现牛牛是一个缺乏阳刚之气的内向男孩。

在与牛牛和牛牛妈妈交流过几次后，我确定，牛牛有真正的"恋物癖"。除了喜欢偷女性内衣外，牛牛还有很强烈的性冲动，特别想摸女性乳房，而且有控制不住自己的趋势。虽然他并没有真的那样做过，但这样强烈的愿望折磨着他，以至于他不能很好地集中精力。

我渐渐发现，牛牛对妈妈既依恋，又排斥，形成了典型的矛盾型依恋模式。我在追溯牛牛妈妈对婴儿期牛牛的养育方式后得知：牛牛不是母乳喂养大的。从小跟妈妈一起睡觉时，牛牛就对妈妈的乳房很感兴趣，2岁后牛牛还喜欢摸着妈妈的乳房睡觉。但为了保持乳房的形状，牛牛妈妈很多时候都会穿着内衣睡觉。

经过深入的谈话分析，我得出了结论：虽然牛牛的"恋物癖"与焦虑的产生有很多原因，但几乎可以肯定的是，牛牛最初的挫折感就是妈妈带给他的。为了保持身材，妈妈不以母乳喂养牛牛，后来又穿着内衣睡觉，这些都让牛牛一直处于对乳房的渴望之中。

为什么非母乳喂养有可能导致恋物癖、强烈的性冲动或一些类似于恋物癖的行为呢？

我们来看看母乳带给宝宝的体验。

首先，宝宝刚出生的时候，对于食物的需要是随时随地的。母亲的乳房随时产生乳汁，能够让宝宝获得及时满足感。

其次，宝宝在吸吮妈妈乳房的时候，能够感受到妈妈的体温、气味，并且能与妈妈产生最直接的皮肤接触，这符合宝宝心中与妈妈一体的心理需要。

最后，宝宝的吸吮可以激发妈妈的性激素分泌，让妈妈产生性快感。妈妈的愉悦感会直接传递给宝宝，按照情绪感染原则，宝宝也会体会到愉悦感。而初生宝宝最初的性快感满足就是嘴巴上的满足。

而非母乳喂养的宝宝，因为没有被及时满足（用奶粉喂养需要冲调奶、热奶，而且奶瓶硬邦邦的，绝对没有乳房柔软），在等待期间会非常焦虑，所以他们更需要通过咬来缓解焦虑感。如果有一个物件能让他们获得这样的满足感，他们就会对这个物件非常依恋。

如果孩子缺失了妈妈的乳房带来的满足感，那么他们将来要用很长的时间去寻找，并最终通过其他方式获得满足。

在适当的时候做适当的事情，比较符合心理健康的标准。成年后还在寻找婴儿期需要的满足是很痛苦的。

大家都知道吸烟有害健康，但有些人一辈子都无法真正戒烟，这大抵是因为他们婴儿期的焦虑和恐惧没有因为吸吮乳房而被缓解。

还有些人改不了爱吃零食的习惯——豆妈就是典型代表——也是因为这一点。有些东西缺失了，很难弥补。

有些女性有乳腺小叶增生，母乳喂养有助于解决这个问题。这可能是宝宝送给一些妈妈的第一个礼物，而且是大礼物，也是不谙人事的小婴儿和妈妈之间的合作。

看着豆子安静地吸吮着豆妈的乳汁，眯着眼睛，露出甜甜的微笑，豆妈也是满心欢喜，这样的场景那样美丽，让人心花顿开。豆子很有安全感，不焦虑，对生命的恐惧全在吸吮中间消失了。

妈妈用身体哺育自己的宝宝，就是在用身体传递对宝宝的爱。这时候的母爱，是真正舍己为人的爱，也是大爱。

母乳喂养吧！为了妈妈自己和宝宝的心理健康。

1.4 我想要抱抱
——第一时间满足宝宝的任何需要

豆妈记录：抱，还是不抱？这是个问题 ／ 第23天

豆子醒了，哼哼唧唧地要抱抱，我赶紧过去把豆子抱起来，豆子高兴了。

豆子有张自己的小床，外婆用新弹的棉花将小床铺得软乎乎的，我们料想豆子睡在上面会很舒服。可是，一个人躺久了也会无聊吧，所以，小豆子躺在小床上也会闹。对了，小婴儿不会翻身，用一个姿势睡久了肌肉会累，需要抱抱。

到了晚上，豆子该睡觉时，更需要抱抱，不抱睡不着。要是他本身就有点困了，还没得到抱抱，就要大哭。按照老人的说法，这叫"闹瞌睡"。不过，抱抱这个词说起来很轻松，落实到手臂上就很有分量了。我们家豆子一直发挥超常，可能是母乳里脂肪含量超标的缘故吧。故此，抱豆子实在是个力气活，有些时候不想抱他，的确是因为体力不支。

豆子肯定巴不得我们随叫随抱。但是，作为有文化、讲科学的长辈，我们就要思考：应不应该随时满足豆子的愿望呢？他这么小，显然是不懂得提合理化要求的，那么，假如我们无条件满足他，会不会造成溺爱呢？要知道，正确的爱和错误的爱有时候并非隔着一条鸿沟，二者之间常常只有一线之隔，所以我们要把握"适度"的原则。

当妈妈真不容易啊，连这么小的问题都让我纠结得很。正当我内心纠结的时候，土豆妈打来电话，说土豆外公刚狠狠地批评了她一顿，只因她无视土豆同学的要求，不给土豆抱抱。

事情是这样的：土豆凌晨起来吃奶（土豆系豆子同月龄兄弟），吃完奶的土豆仍然不肯好好睡觉，躺在小床上继续哼唧，土豆妈抱着他唱了两支摇篮曲后，将其放下。土豆再次哼唧不停，并有扩大音量之势。土豆妈和土豆爸都累了，他们心想：哭吧哭吧，哭累了就睡着了。所以，他们就没再管土豆。土豆果然提高了哭的分贝，成功吸引了土豆外公。土豆外公从另一房间赶来营救土豆，将土豆抱在怀里哄了半宿。因为不想吵着土豆，所以土豆外公选在早上批评他娘和他爹。

身为选择母乳喂养的妈妈，我非常理解土豆妈的苦衷。养过小孩儿的人都知道，出生1个月左右的宝宝每隔两三个小时就要吃奶，为娘的几乎很少有机会睡上一个囫囵觉，宝宝夜里吃完奶不好好睡觉时，的确叫人烦躁。

老人家总是听不得孙子孙女哭的，豆子的外婆外公也这样。他们对豆子有求必应，无条件，无原则，违背了他们当初声称的"科学养育"精神。

　　早在豆子还未出生，大家在一起畅想未来时，豆子外婆就发表过她的新育儿观："以后咱们家养孩子，一定要讲原则，讲科学，不能溺爱。"说完后，豆子外婆还举了例子，说她的同事带孙子时就遵循科学喂养原则，按照书上的来——给宝宝准备专属小床，让宝妈按量喂奶，让宝宝按时入睡，宝宝过了点儿不睡的话，哭也不抱，结果那个宝宝日后就很懂规矩。当时一排听众听后都表示很佩服。

　　但实践证明，教条化的东西是信不得的，豆子不吃"科学养育"那一套，而豆子外婆显然也将当年提起的育儿观抛到了九霄云外。但我们又担心了，逢哭必抱对宝宝的身心健康一定好吗？不会让宝宝形成依赖吗？会阻碍宝宝的心理成熟吗？

心理师爸爸的分析：请做宝宝生命初期的完美照料者

　　　宝宝在生命初期正处于心理上的自闭阶段，他需要完美照料者满足他的一切需要，这样他的心中才会建立起基本安全感。如果宝宝的需要被及时、完美地满足，那么他将来就不需要再去寻求基本安全感了。

　　就像身体的成长一样，宝宝心理的发育也是要一步一步完成的。如果说健康人格是一座坚固的大厦，那么它的根基就是安全感的建立，而基本安全感形成于生命初期，通过宝宝对妈妈（照料者）的依恋建立起来。

◇ 拥抱宝宝，建立安全感

对宝宝的心理发育来说，从宝宝刚出生到 1 岁，做一个完美照料者非常重要。因为宝宝将在这个时期内发展出极其重要的心理品质——安全感与信任感，与此品质相对应的是爱与被爱的能力。

一个能够信赖别人、能够在关系中感到安全的人才可能建立起亲密关系。不夸张地说，婴儿时期建立起的安全感关系到宝宝一生的幸福。

这个时候的宝宝柔弱无助，他们的生活质量完全取决于照料者的行为，照料者给宝宝安全感与信任感，宝宝才能与照料者发展依恋关系。宝宝得到妈妈的悉心照料，身心都获得满足时，就会体验到舒适、安全，会对周围的环境产生基本信任感。这么小的宝宝毫无保护自己的能力，妈妈稍有忽略就可能会让他们强烈地体验到生存威胁，产生对环境的不信任感或疑惑感。

一个完美照料者可以迅速帮助宝宝获得基本安全感。所谓完美照料，就是不论宝宝有什么需要，都在第一时间让宝宝获得满足。这其实很考验妈妈（照料者）的爱心与耐心，宝宝需要的不仅限于吃饱、穿暖，所以妈妈需要敏锐地察觉宝宝发出的信号，并且理解宝宝要的是什么。

拥抱是满足宝宝心理需要的一种方式。一位名叫哈洛的心理学家做过一个实验：

把刚出生不久的恒河猴放在一个笼子里，笼子里有两只代替母猴的假猴子——一只是用铁丝做的，它的"胸前"缚有一个奶瓶；另一只是用柔软的绒布做的，它的"胸前"没有奶瓶。实验的目的是看小猴子更依赖食物，还是更依赖与母亲的接触。结果是，小猴子要吃奶的时候，就会去找有奶瓶的假猴子，一旦吃饱了，就会和绒布猴待在一起。

这个实验证明，小猴子对柔软的绒布猴更依恋。恒河猴的基因与人类基因的相似度很高，这个实验说明温暖亲密的接触能让宝宝产生依恋。妈妈的怀抱就可以给宝宝提供柔软、温暖的接触性关怀，宝宝特别依恋妈妈的怀抱是因为宝宝有这样的心理需要。

很多孩子喜欢毛茸茸的公仔、柔软的被子等都是因为依恋需要。对这些物品有强烈喜好的孩子，可能是在婴儿时期没有被抱够的孩子。很显然，豆子外婆的理论在很大程度上是违背宝宝的需要的。

拥抱可以带给宝宝的体验是好像回到妈妈的子宫里一般，会让宝宝很满足。皮肤接触、熟悉的气味都可以给宝宝带来安全体验，可以消除宝宝的恐惧感。这也就是为什么宝宝哭闹的时候，抱抱可以让他们停止哭泣。有很多孩子要在妈妈的怀抱里睡觉，就是因为他们感到安全才能够安然入睡。只是，抱着孩子会让大人们很辛苦。不过，在孩子1岁以内，再辛苦也是值得的，否则，将来宝宝可能会让身边的大人们辛苦很多年。

曾经有位三十多岁的男士来向我求助，他的人格是偏执型的。他经常怀疑妻子有外遇，不相信身边的任何人，几乎没什么朋友。他在很多时候都难以控制自己的情绪，经常和别人吵架。在他看来，在任何情况下，都只有他自己是对的。除此之外，他还会记仇。他被公司辞退后，扬言要报复公司经理。他在家里时的情绪很糟糕，甚至到了精神崩溃的地步。他的妻子感觉到问题很严重，所以苦苦哀求他来见我。

遇到偏执型人格的人是心理咨询师的灾难，与这样的求助者建立关系很难，他们来一两次之后往往就不来了。幸好，这位求助者在大家的努力下把治疗过程坚持下来了。

在与他讨论的过程中，他谈起了自己的经历。其中一段特殊的经历与照料者有关。他妈妈是个医生，并且有很严重的强迫症——洁癖。他妈妈生了他以后，有一段时间精神状态很糟糕，每天花在洗手和打扫上的时间很多。很多时候，他已经饿得哇哇哭了半个小时，他妈妈却还是仪式性地洗完手后才去抱他。

他妈妈生下他以后没有奶水，喂他奶粉之前要将手和喂奶的用品严格消毒，按剂量调制奶粉，让冲好的奶粉自然冷却。等他吃到奶时，几乎一个小时过去了。而在这一个小时中，他妈妈也不抱他，任由他在那里哭。最要命的是，他妈妈也不允许其他人抱他，理由是宝宝多哭可以增加肺活量。

当然这是他长大了以后才知道的。据说，他那时候经常哭到声嘶力竭。所以，他很敏感，只让妈妈抱，别人一抱他，他就哭。这和他偏执型人格的形成有极大关系。如今，他对妻子的要求是：在他有要求的时候，必须马上满足他。他妻子哪怕稍微迟疑一会儿，都会招致他谩骂，甚至动手。

很多时候，大人担心宝宝经常要抱抱会使宝宝形成依赖性。殊不知，不及时满足宝宝的需求，会给宝宝带来创伤。

◇ **宝宝虽小，但他们知道自己的需要**

所谓完美照料者，就是在第一时间满足宝宝所有需要的照料者，有点让他们"要风得风，要雨得雨"的意思。在宝宝1岁以内，要给宝宝最大的满足。拥抱也好，吃奶也好，宝宝过早地体会到挫折就可能对所有人和环境产生不安全感。

千万不要用自以为的科学方式对待宝宝，也不要为了满足自己的需要而冷落宝宝。

如果完美照料者能够在宝宝有需要时满足宝宝的需要，那么宝宝将来就不需要寻找这种被满足的感觉。其实，我们身边有很多人都幻想找到完美照料者。不管他们是有意的，还是无意的，他们之所以产生这种想法就是因为过早失去了完美照料者，受到了创伤。这在亲密的依恋关系中，会表现得特别明显。

1.5　宝宝第一次对我笑
——完整、和谐的互动让宝宝看到美好、可爱的自己

豆妈记录：一笑倾妈妈，再笑倾全家　／　第30天

　　此刻，我躺在妈妈的怀里，她的臂弯那么柔软，那么温暖，使我感到心满意足，抬起头，我看见妈妈明亮的眼睛，她正注视着我，一阵快乐涌上我的心头，我忍不住朝她笑起来。

　　看得出来，她高兴极了，她朝爸爸嚷嚷着什么，爸爸也凑过来了，他们俩轮番亲我的脸蛋儿，弄得我痒酥酥的，我更开心了。

　　现在，宝宝的微笑越来越多，这是我们之间最愉快的交流方式。我想，对于每一个妈妈来说，宝宝的第一次微笑都是毕生难忘的。

　　昨天午后，豆子睡醒了，我把他抱起来，放在双膝之间，用手托着他的头，我们小脸对大脸，又开始玩宝宝和妈妈之间的游戏了。

　　虽然这个时候的宝宝还不会说话，然而我相信宝宝和妈妈之间

是有一套专用语言的，我们不需要通用的词汇，甚至不需要用很多的语音就能表达和理解彼此的感受。

用豆爸的话说，我又在朝豆子挤眉弄眼，像朵水仙花似的自恋着。请允许我卖弄一下，水仙花的英文是 narcissus。在古希腊神话中，Narcissus 是个美少男的名字，他因为爱上自己在水中的倒影，投水而死，化身成为水仙花。自恋的英文 narcissism 和水仙花的英文 narcissus 皆由此而来。

每个人都会或多或少地有自恋情结，我把小小的豆子捧在手里当镜子，端详他，从他的小脸蛋上搜寻有关我的信息，呃……眼睛……这么小，不像我；睫毛……有点短……不知道以后会不会长长；哎哟哟，找到了，你看他的下巴尖尖的、翘翘的，这不就是他娘的下巴吗？还有这小鼻子，鼻头微翘，漂亮啊，像他妈……哈哈，看得我内心一阵愉悦，恨不得咬他一小口。

端详着端详着，豆子一直看着我的眼睛突然弯了一下，哟！他对我笑了，好激动！

我将永远记得这个日子，儿子第一次对我微笑。

这一瞬间，我突然就明白了，世界上真的有天使，豆子的微笑就是天使的微笑，像水晶一样纯净，又像一层薄薄的阳光一样洒在我心上，我顿时有一阵暖烘烘的酥麻感。我很想如实地跟你描述那种感觉，然而我把脑子里的储备翻了个底朝天，还是很难找出确切的词，你还是去找个小天使，看他的微笑吧。

生活中的笑有很多种，开怀的、假意的、含蓄的、爆发的、真诚的、虚伪的……记得心理学老师讲过，有种特殊的笑是"欣快"的，那是病理性的，我们在痴呆儿和精神病人的脸上可以看到。他们笑得很厉害，然而那种笑没有感染力，无法使看到的人感到愉快。同样，成年人世界中虚伪的、奸猾的、阳奉阴违的笑容也是缺乏感染力的。

亲爱的豆子微笑了，他纯真的笑容像投进我心里的一颗小石子，立刻激起了我心中欢快的涟漪。好有感染力的笑容，我立刻笑成一朵大波斯菊。

豆子学会了微笑，他开始使用新的工具社交。每个看到豆子笑容的人都抵挡不住这强劲的感染力，被一一放倒。在我之后，家里每个人都争先恐后逗引豆子，要亲身感受天使的微笑。

首先被放倒的是豆子爷爷，今天清晨，爷爷把豆子捧在手里，嘴里唤着："豆子，笑一个，豆子，笑笑！"爷爷锲而不舍地逗了豆子好一阵子，豆子的嘴角终于弯了。"哈哈哈哈……"头发花白的爷爷开怀大笑。我的天，那个爆发力，笑声撞到墙壁上估计可以反弹回来。

接下来是豆子外婆，她从我怀里接过刚刚从睡梦中醒来的豆子，豆子朝外婆甜甜一笑，于是，外婆这一天如沐春风。

在和大人们的互动中，豆子笑得越来越多，从微笑到月牙儿弯弯的笑，从浅浅一笑到咯咯地笑出声，他的笑容和笑声带给我们无限的快乐，也让我们感到安心，健康的宝宝才爱笑啊！

愿我们的豆子天天开心！

心理师爸爸的分析：给宝宝一面光洁美好的"镜子"

照镜子时，我们能在镜子里看到自己。在人际互动中，我们从他人的反应中也能"看到"自己。好妈妈像平滑、光

洁的镜子，能让宝宝看到美好、可爱的自己；内心不稳定的
妈妈，会让宝宝"看到"变形的自己。

宝宝的微笑对于身边的亲人来说，可能是世界上最美的礼物。
宝宝出生后，先会哭，再就是会笑。如果说哭是生存本能，那么笑
也是生存技能之一。

喜、怒、哀、乐、惊、恐、悲是原始情感，其他的情感都是在
这几种原始情感上发展起来的。宝宝1个月左右，情感就开始丰富了，
也有能力将情感表达出来了。

笑是世界上最美丽的语言，能够超越一切障碍，促进人与人之
间的沟通。笑代表着内心快乐，也代表接纳了别人。宝宝很敏感，
也很纯净，他们敞开内心接纳一切。如果让这样的能力持续下去，
宝宝就可能成长为很阳光的人。而这种能力最初是在与妈妈的互动
中获得的。

◇ 好妈妈是一面平滑光洁的"镜子"

心理学上有个理论叫"镜子理论"，意思是你所看到的外在世界
其实是自己内心世界的反射。好妈妈就是平滑、光洁的镜子，而内
心有缺陷或者心理状态不是很健康的妈妈就像"哈哈镜"，会让宝宝
"看到（体会到）"变形的自己。

当孩子看到妈妈的笑脸对着他时，他就会认为妈妈因他而笑，
他会因此而产生存在感，这就是"镜映"。对于宝宝来说，妈妈对自
己笑，那么就说明自己是让妈妈愉快的、有价值的好宝宝。**我们的
自我价值感基础，就建立在妈妈的认同和接受上。宝宝在充满笑容**

的环境中成长，往往也能充满笑容地面对周围的环境。

在宝宝的心中，妈妈就是自己，自己就是妈妈，没有区别。生命的神奇之处就在这里，宝宝与妈妈之间心理上的联系会令他们建立最初的情感认同。宝宝和妈妈之间虽然已经没有脐带相连，但情感的脐带紧紧连在一起。

宝宝与妈妈之间联系紧密，就好像一个人一样。所以，妈妈笑，宝宝也笑；妈妈哭，宝宝也哭。这不是单纯的模仿，而是因为"血脉相连"，是真正的"感同身受"。

在现实中，很多妈妈有复杂的情绪和感受。在生活中遇到一些问题时，有些妈妈控制不了自己的情绪，让一些负面情绪在脸上表现出来。这会给宝宝带来矛盾体验，是养育大忌。

◇ 给宝宝的一生带来美妙的最初人际关系体验

有句广告是：大家好，才是真的好。这句话很有意思，豆子的微笑能给整个家庭带来震动，真的是让大家好了。这是心灵之间最完整、最和谐的互动。这样的互动给豆子带来美妙的最初人际关系体验，而这一切缘自家人对豆子的爱。

我每次抱豆子时，都阳光灿烂地对着他。出于对豆子的爱，我总会在见到他的第一时间把烦恼全部扔掉，全身心享受与他的互动。有时候豆妈会因为体力和精力问题，在照顾豆子时有点小情绪，每到这时，我都会第一时间把豆子抱起来，面对着他，给他甜蜜的微笑。这样的微笑不是强装出来的，是发自内心的、真实的、充满爱意的。

有意思的是，当我这样做时，吵闹的豆子会很快安静下来，露出微笑。有时，这样的状况还给豆妈带去一点小小的挫折感。其实豆子会在我的安抚下安静的原因很简单：豆妈还在学习做妈妈，当豆子因为没有被满足而哭时，满心想当好妈妈的豆妈会感到很无力，也会产生焦虑。在这样的情况下，豆子好像能感受到妈妈的焦虑，会哭得更厉害。这时，我赶去安抚豆子，可以让豆妈和豆子从焦虑中脱离出来。

看到我安抚好了豆子，豆妈会在一旁叹气，似乎很无奈，很受挫。这时，我会安慰一下豆妈。我知道，我的安慰对豆妈来说很重要。再次强调前文提过的一句话——因为我真的很认同——一个焦虑的母亲和一个缺席的父亲，几乎百分之百会培养出有情绪障碍的孩子。

这个时期的宝宝可没有什么喜欢谁不喜欢谁的倾向。说宝宝更喜欢自己，是大人之间的竞争，完全是大人们满足自恋的游戏而已。如果想让宝宝更喜欢自己只是玩笑，那对宝宝没有太多影响。如果家庭中本身存在矛盾，大人们真的想让宝宝和自己更亲近，那么宝宝就可能成为大人们争权夺利的牺牲品。我见过太多孩子在夫妻矛盾、婆媳矛盾或者两个家庭的矛盾中成为牺牲品，那是让人很痛心的事情。

生命的延续，可以抵消人们内心对死亡的恐惧，对幼小生命的热爱也常常来源于此。宝宝的笑总是能带给我们感动，这样的笑，肯定了我们的价值，预示着我们被新生命接纳。所以，婴儿的笑，很难不让我们兴奋。哪怕是别人家宝宝纯真的笑，也能深深感染我们。

◇ 给宝宝充满信任、爱、互相关心的人际关系模式

当宝宝能被我们逗笑时，关系就在宝宝的内心发展起来了。初

次印象很重要，一个笑脸，会让宝宝感受到被接纳。如果我们对宝宝的笑及时给予正面回应，宝宝就会开始喜欢笑。

给宝宝一面光洁、美好的"镜子"有多重要呢？以下是我经常讲的一个自嘲的笑话：我出生时 4.3 千克，属于巨大儿。我妈妈受尽苦楚才将我生下来。（那时候乡下没有剖宫产，为此，我一直对妈妈有一种愧疚感，这是后话。）那时的我全身毛发浓密，皮肤黝黑（像外公），很丑。所有人见到我说的第一句话都是：这孩子怎么这样丑。我想我当时一定听到了，直到今天，我对自己的长相都没有自信，哪怕有人说我帅，我也不敢相信。

这看似很荒唐，其实是合理的。对母亲的认同是婴儿的本能行为。我妈妈比较容易焦虑，她经常皱着眉头和我说话，慢慢地，我也认同了这样皱着眉头说话的方式。

宝宝的笑是单纯的，维持这样的愉悦则需要家庭和宝宝所处环境中其他人的努力。因此，用充满爱的心和最真诚的笑容面对宝宝，会帮助宝宝建立充满信任、爱和相互关心的人际关系模式。

1.6　吃饱喝足养"小猪"
——正常性自闭期，宝宝以自我满足的方式
活在自己的世界里

豆妈记录：豆子被遗忘事件　／　第30天

外婆带豆子时将豆子照顾得无微不至，我和豆爸非常放心。

下午，我在书房上网冲浪，忙得不亦乐乎，直到腰酸背痛才起身去趟洗手间。走进卧室，赫然发现一个小人躺在床上，被吓得一个激灵："什么人！"

我随即非常汗颜，居然把儿子忘了，这是什么妈呀！

儿啊，不好意思，妈妈把你给忘了，呵呵。谁让你那么小，在爸爸妈妈的大床上被小被子一裹，只露出一个小小的脑袋，看起来还不如一个玩具熊大，好容易被忽略哦！

我承认，这是我在给自己的疏忽大意找理由，更万恶的是，我还赖上了小豆子，咳，这个妈当的，我得鄙视自己一下。被儿子吓一跳，说出去都丢人。这充分说明，小豆子都出生30天了，我还没找着当妈的感觉。

为了缓解对儿子的负疚感，我赶紧对小豆子笑了笑，很亲昵地摸了摸豆子的脑袋，温言软语地问："豆子，饿了没有啊？"

小豆子睡眼惺忪，对我这种"令人唾弃"的妈妈无言以对，眼睛半睁半闭之间看了我一眼，又睡着了。

现在我来回顾和反思一下，豆子是如何度过作为独立生命存在于我们生活中的 30 天的：

吃。每隔 3 小时左右吃一次奶，每次吃奶 20~30 分钟，吃奶的时候，他忙着自我陶醉和享受，不跟我交流，吃完奶基本就睡着了。

清醒。本来我想称这个部分为活动的，后来想想实在不恰当。豆子每天上午和下午都会清醒大约 2 个小时。他刚醒来时，我通常会赶紧凑上去，希望他搭理我一下。我手拿色彩鲜艳的摇铃，嘴里以不同语调亲昵地唤着："豆子，豆——子，豆子——，小——豆子。"但他通常会以淡定的目光看着我，或者用眼神追随玩具，也不怎么笑，这打击了我的积极性。

睡。这是目前为止豆子最爱的活动。他每天花大量时间睡觉，上午睡 2 个小时，下午睡 3 个小时，傍晚睡 2 个小时，夜晚睡 9 个小时。睡着的豆子会将握拳的双手举到耳朵边，做出投降状，一动不动。有时我趴在他旁边，悄悄叫："豆子，起来玩。"他咂巴一下嘴，继续睡。

有时候，我不禁疑惑，这是在养小猪，还是在养小孩呢？不知这样的情形要持续多久，我期待豆子快点长大，到能坐、能爬的时候，我好陪他玩游戏。

就这样，豆子吃吃睡睡醒醒的日子不知不觉过去了 30 天。豆子满月了，我们带豆子去做儿童保健，把豆子放在秤上一称，乖乖！豆子的身高足足长了8厘米，体重也很乐观，长了将近2千克。豆子，你厉害！我心中暗自计算，照这样的趋势发展下去，半年之后……

心理师爸爸的分析：自闭期，非诚勿扰

> 初生婴儿处于自闭期，所有的需要都围绕生存展开，吃饱、喝足、睡好、穿暖，身体满足了，心理上就不会恐惧、焦虑。妈妈既要尽可能及时回应宝宝的需要，又要尽量不打搅他。

◇ 宝宝还在自闭期

1个月以内的豆子处在自闭期，这个时期的他只知道睡觉和吃奶，他最大的任务是赶快适应外部环境，在新的环境中生存下来。由此，我们可以知道初生婴儿所有的需要都是围绕生存展开的，吃饱、喝足、睡着、穿暖，身体需要被满足，心理上就不会恐惧、焦虑，而是感到安全、舒服。这些需要如此重要，以至于小豆子会全身心地投入到吃喝拉撒睡的过程中，没有余力发展更多的需要，无暇顾及与他人的交流。在心理上，这个时期被称为正常性婴儿自闭期，是宝宝自我发展过程中的第一个阶段。

自闭期内的宝宝几乎没有自我意识，由于完全无法脱离妈妈的照料，他们在身体上与妈妈是亲近的，在心理上与妈妈是一体的。在宝宝心里，宝宝就是妈妈，妈妈就是宝宝，没有区别，他们与妈妈似乎还维持着在妈妈肚子里时那种亲密无间的状态。专注于生存

的宝宝还没有发展关系的需要，也没有这个能力。可以说，他们完全以自我满足的方式活在自己的世界里。

0~3个月大的婴儿都可能处在相对自闭的状态中。这种自闭是指宝宝的世界里只有妈妈一个人，妈妈是怎样对待他们的，就等于这个世界是怎样对待他们的。在这个阶段，宝宝完全倚赖妈妈的照顾，妈妈若照顾得好，及时满足宝宝，他们便会觉得自己无所不能，饿了便有奶喝，哭了便能得抱抱。当然，给予宝宝这些的也可能是其他重要养育者。

宝宝出生3个月内，妈妈给予宝宝的所有东西，都会使宝宝与妈妈之间产生一种关联，这种关联体现在妈妈的教养态度和方式给宝宝的直接体验。在这个时间段，对于宝宝来说最重要的除了吃喝，就是能睁开眼睛看到妈妈，或者能感受到妈妈的拥抱。妈妈是温和、有爱的，婴儿便认为自己是好的；若妈妈是冷淡、无耐性的，婴儿便认为自己是坏的。

◇ 妈妈为什么会把儿子忘了

豆妈把豆子忘记了这件事听上去有点荒唐，但其实很多妈妈都有类似的体验。"妈妈与宝宝一起成长"这句话简直就是真理。宝宝出生后，妈妈和宝宝都要经历技能学习以及心理成长的过程。妈妈这个身份是从宝宝出生那一天开始存在的，宝宝在妈妈肚子里时，怀孕的女性只是"准妈妈"。

很多人认为，养育孩子是人的本能，不用学习。但人类的进步使得养育孩子更需要能力，并不是每一位生了孩子的女性都能真正成为好妈妈。有太多儿童的心理问题和成年人的心理障碍，都与妈妈的养育方法和妈妈自身存在的问题有关。

豆妈是独生子女，从小就被身边的人照顾得很好，要照顾一个小婴儿，难免会有一些生疏和力不从心。另外，妈妈刚完成生产，会有刚获得自由一般的感觉，总想去完成一些怀孕时不能做的事情。在家人的照顾中，妈妈可能会对自己的身份产生不现实感，或者在照顾中退行。所谓退行，就是回到婴儿或者幼儿的状态。这样的情形经常在恋爱或者被人照顾时发生。很多产后抑郁的妈妈，其实就是处在一个阶段性的退行状态中。

◇ 自闭期宝宝的需要

对于自闭期的宝宝，妈妈需要做的事情是有限的，大致上有两点：

其一，宝宝需要生理上的满足，他饿了、渴了、尿湿了、冷了时，都会用哭声来提醒妈妈。这时，妈妈能做的就是按照宝宝的需要喂奶，保持令宝宝舒适的环境温度，勤换尿布……总之，及时回应宝宝的需要。

其二，宝宝需要在一个安静的环境中睡觉，在睡眠中适应周围的环境。一个安静、安全的环境对宝宝来说尤为重要。

在这里，我想说说给宝宝"做弥月"的问题。宝宝出生对于很多家庭来说是喜悦的，宝宝的亲人当然很想与亲戚朋友一起分享这样的喜悦，并得到亲戚朋友的祝福，这是我们的传统，也是人之常情。做弥月，办酒席，免不了要让宝宝亮相，亲戚朋友当然也想抱一抱宝宝，亲一亲宝宝。但这其中是存在问题的，宝宝太小了，嘈杂的环境有可能会给他带来不舒服的感觉。出于这样的考虑，我把豆子在众人面前亮相的时间安排在他满 100 天的时候。

未满月的豆子，还处在极端自恋的状态中，他很难跟人产生互动。宝宝的这种状态会给自恋的妈妈带来一些挫折感。有些宝宝在妈妈肚子里时承受了一些压力（这些压力大体是妈妈的焦虑带来的），因此他们会很敏感，最明显的表现是睡觉不安稳，总是不踏实，并且长时间哭闹。而有趣的是，宝宝吃了睡，睡了吃，很少哭也会给妈妈带来少许不安。太多的妈妈很希望宝宝能一下就长大，能够把自己积累了满心的爱给宝宝，这是一种很有趣的心理状态。

宝宝不和妈妈互动，会让妈妈做出一些比较"愚蠢"的事情。所谓"愚蠢"的事情，就是按照自己的意愿，在宝宝睡觉时，把宝宝抱起来，然后亲啊亲，宝宝被亲醒了。一些妈妈总认为这是爱宝宝的表现，实则是为了满足自己。宝宝在出生 1 个月以内需要长时间的睡眠，打破宝宝的睡眠状态会带给宝宝极大的挫折感。试想，你在特别想睡觉的时候，有个人把你摆弄过来、摆弄过去，你舒服吗？很多妈妈把宝宝当成玩具了。

给宝宝想要的安静环境吧！他们在努力地成长。在这个阶段，宝宝需要妈妈做的就是尽量不打搅他们。

◇ 原初母性关注与理想母亲

妈妈需要做理想母亲的时间可能会更长。前面已经提到，0～3 个月大的宝宝还可能处于自闭状态，他跟母亲是一体的。实际上，理想母亲就是能跟宝宝产生一体的感觉的母亲。什么叫一体的感觉？就是母亲与宝宝互相认同，母亲全心全意地奉献，调整自己以适应宝宝。也就是说，妈妈要有一些牺牲精神。当然，不是让妈妈一直牺牲下去,但妈妈在这个阶段要全心全意、忘我地满足宝宝的所有需要。不知道正在读这本书的妈妈们是否在婴儿出生 0 ~ 3 个月时这样做了呢?妈妈有没有在这个阶段内因为太顾及自己,而希望孩子不哭或者省心一些?

产后 3 ~ 6 个月,是女性产后抑郁的多发期。很多妈妈都处在理想母亲的状态里,她们觉得自己能够扮演好理想母亲的角色,却忽略了自身的能力。当她们发现自己没有能力满足宝宝的一些需求时,便会产生无力感,这种无力感会慢慢演变为抑郁情绪,她们进而将攻击的矛头转向自身,认为自己没有能力、没有价值、没有未来。

妈妈必须具备给予宝宝原初母性关注和成为理想母亲的能力,这两种能力对于新生儿来说是非常重要的。具备这两种能力的妈妈才能保护好宝宝,才能给宝宝安全感,让宝宝觉得自己和妈妈是一体的。这种一体的感觉,会帮助宝宝从胎儿时期与母亲连在一起的状态过渡到与母亲分离的状态,如果没有建立好这种一体感,那么分离就很困难。难以面对分离的人,很难跟别人建立关系。这句话看似是个悖论,其实不然,因为建立关系就必然要面对分离。分离对于一些人来说是很痛苦的,这是因为他们早期受过分离创伤。为了避免这种创伤带来的痛苦体验再一次出现,他们可能就不会建立关系,这是一种无意识的模式。他们一旦与他人建立关系,就有激发其分离创伤的可能性,而且这种可能性非常之大。

妈妈如果不具备这两种能力,就可能会给孩子带来一些很糟糕的体验。有些妈妈是奉子成婚的,或者是意外怀孕的;有些妈妈生孩子是为了满足长辈观念中传宗接代等的需要;还有一些妈妈本来希望生个儿子但是生的是女儿,一些妈妈想生个女儿却生的是儿子。

这些妈妈的心里会有失落感，会因为焦虑而无法拥有原初母性。我经常说，焦虑的妈妈很"自恋"，不管孩子需要不需要，总是强加在孩子身上。这样的妈妈往往会为了满足自己的心理需要，忽略宝宝需要的原初母性关注和理想母亲。

第二章　心理共生期：

陪伴宝宝形成充满信任和爱的人际关系模式

（2~5个月）

宝宝睡觉的时间少一点啦，他更喜欢被抱在怀里。他第一个认识的人是妈妈，妈妈让他感到温暖和满足，宝宝的心和妈妈紧紧相连，他几乎以为自己和妈妈是一个人。

　　这个阶段的宝宝心中有两个妈妈，一个是能满足需求的"好妈妈"，一个是不能满足需求的"坏妈妈"。得不到满足时，宝宝会开始焦虑，情感上的需要更多了。

　　这个阶段，妈妈不能给孩子太多挫折，要尽可能地满足宝宝，做"足够好的妈妈"，安抚宝宝的焦虑。

2.1　是不是好妈妈，豆子说了算
——让宝宝喜爱、满足的妈妈才是好妈妈

豆妈记录：好妈妈的标准是什么 ／ 2个月

在我的人生规划中，我应该 26 岁结婚，27 岁生孩子。可是，我总是将计划把握得很差，30 岁时才生了豆子。

应该说，我怀豆子时的年纪不小了，所以，我为当妈妈做了很多身体、物质、知识、心理上的准备。我想，既然我已经是一个熟女了，就要做一个好妈妈。

我一直在按照我心中好妈妈的标准努力，譬如我坚持顺产（失败），坚持母乳喂养（成功），给豆子准备小床培养他独自睡觉（成功）……但就像豆爸常说的那样，我不能既当运动员，又当裁判员。不管我多么信誓旦旦，我的愿望多么美好，我是不是一个好妈妈多半还得由豆子说了算。好妈妈们如果认为自己是好妈妈，就要能证明自己的养育行为是被宝宝喜爱的，是能给宝宝的成长带来实惠的。

豆子现在太小，还不会使用语言，我常常得从豆子的种种成长

迹象中体会自己是不是一个好妈妈。豆子像懂得我的心思一样，努力地生长着，用日渐丰满的脸蛋儿、小手告诉我："嗯，你养得不错呢。"他也会用香甜的睡觉姿势告诉我："我很舒服，请放心。"

不过，豆子也会有对我不满意的时候吧？至少他哭闹时肯定想表达不满意。豆子哭闹时，我总是很佩服豆子外婆，她总能比我更快地明白豆子需要什么。我呢，只能一边着急，一边做排除法：豆子是不是饿了？应该不是，才吃完奶半个小时。是不是尿了？拆开看看，没有。想睡觉觉？抱起来哄，他不睡。我实在没辙，只能想："天哪，你到底要什么？"

最近这两天，豆子的脾气明显见长，哭闹的时候多了，哭的声音也变大了。他一哭，我就赶紧想辙，可是我想的经常和他需要的对应不上，他就不停歇地哭。哎呀，挫败感一下子就上来了，我不知道儿子想要啥啊。书上说，宝宝的哭声是有细微差别的，表达不同需要时宝宝的哭声不同。豆子不要着急，妈妈正在锻炼听力，练就一双好妈妈的耳朵。

当个好妈妈真是需要不断努力的，宝宝现在这么小，就已经有不同的需要，随着他不断长大，评判我是不是好妈妈的标准还会更多、更立体。儿子，我们一起成长吧！

心理师爸爸的分析：做孩子心中的好妈妈

宝宝开始构建自己最基本的内心世界时，会先把世界分成好的和坏的。满足自己的就是好的，不能满足自己的就是坏的。这是最基本的思维方式的雏形。在这个时候，怎样去做一个稳定的妈妈就很重要了。

◇ **宝宝 1 岁以内，妈妈可以满足宝宝的所有需要**

每个妈妈都希望自己做个好妈妈。不过"好"是一种主观判断，宝宝对"好和坏"的判断与妈妈可能是不一样的。对宝宝来说，"好和坏"完全来自他自己的感受。好妈妈就是能满足他的，坏妈妈就是让他感受到挫折的。这是一种最初级的思维模式，在这样的思维中，事物非好即坏。对于成年人来说，成年人对"好与坏"的判断中包含更多的理性思考。

年幼的宝宝不能自己满足自己的需要，他们的生存和基本安全感的建立都依赖于亲人的照顾，这注定了他们必须要有能满足他们需要的好妈妈。

从宝宝的心理成长来说，他们是要经历需要坏妈妈的阶段的。坏妈妈可以帮助宝宝发展自己的能力，适当地不满足宝宝的需求，能为宝宝与妈妈分离、成为独立的个体创造机会。孩子想要离开坏妈妈，才能与妈妈分开，成为自己，所以坏妈妈在孩子的成长过程中必然出现。

假如宝宝已经3岁，妈妈还在满足宝宝的所有需要，就是溺爱了。但是在宝宝 1 岁以内，妈妈可以满足宝宝的所有需要。

◇ **有一种"好妈妈"令孩子感觉糟糕**

很多时候，妈妈心中的好妈妈与宝宝心中的好妈妈不同，甚至有些妈妈认为自己是好妈妈，她们宝宝的感受却很糟糕。

我经常接到一些妈妈的电话，说自己一心为了孩子好，付出了很多，但孩子根本就不买自己的账。这些妈妈在诉说的时候，语气中充满着哀伤、无奈，当然，还有很多愤怒。她们打电话给我的目的只有一个，就是让我教她们一些方法，把孩子改造得听话，或者让孩子可以按照她们的愿望更好地和她们亲近。这些要求的本质就是这些妈妈感觉自己无法控制孩子，想夺回控制权。

我一般不会和她们讨论孩子现在的情况，而是先问她们："你希望孩子成为什么样？你是否知道孩子需要什么？孩子的改变对你来说意味着什么？"这样的问题基本都会被这些妈妈忽略，她们根本就不会用心考虑这些问题，只关注自己的无力，她们期望我这个身为心理咨询师的陌生人给她们一剂灵丹妙药，立刻解决眼前的问题。

她们在与我互动时，关注的几乎都是她们自己的内心感受，忽略我的存在。她们会要求我，或者对我有所期待。其实，在她们与孩子的关系中，这样的模式一直存在着、循环着，只是她们自己很难意识到。也就是说，她们不了解也不想了解孩子的需要，更谈不上尊重孩子的需要，做能满足孩子需要的好妈妈。她们一直在要求孩子满足她们做好妈妈的愿望。正因为如此，孩子会捍卫自己，当然，这会给妈妈们带来痛苦的体会。

◇ **妈妈把价值感建立在孩子身上，是世界上最糟糕的事**

许多自以为是的所谓"好妈妈"，不但处理不好亲子关系，在与伴侣的亲密关系中也会遇到许多问题。她们要么和丈夫关系紧张，甚至把丈夫吓跑；要么带着自己的愤怒逃开。

这是一个魔咒般的定律，它的表现形式是这样的：

如果一个女性很害怕犯错，没有较完整的自我价值感，那么她就会用牺牲自我的方式，讨好身边的人，特别是她的丈夫；在牺牲自己的同时，她期待着对方能以同样的牺牲回报自己。在她得不到期待中的回报时，她会很害怕、很痛苦、很愤怒。

当她有了孩子，特别是儿子时，她就会把这样的模式放到孩子身上。在她的控制下成长起来的孩子，心中会充满被控制的愤怒和奇怪的内疚感。孩子不知道怎么处理这样的矛盾情感，就会想离开妈妈。妈妈一害怕，就更想把孩子控制在自己的身边，因为孩子似乎是她成就感和价值感的唯一来源。这会让孩子害怕并且更加愤怒。

当孩子到青春期，终于有能力成为一个非常叛逆的人时，妈妈会觉得控制无望，而陷入痛苦与愤怒。

把自己的价值感建立在他人身上，可能是世界上最恐怖的事情，这样的心理是破坏一切关系，尤其是亲密关系的罪魁祸首。

妻以夫荣、母凭子贵的观念，已经深深根植于很多人的无意识中，一时间很难改变。许多女性在反抗这种观念时，反而深陷其中。她们按照自己想的那样努力去做好妈妈，其实是想塑造好孩子。比如，她们期待这个好孩子取得优秀的成绩，以满足自己获得成就感和价值感的愿望。正因为如此，一些家长在聊到自己学习成绩优异的孩子时一脸满足。

◇ **什么时候能让宝宝体验挫折感**

许多妈妈担心自己的爱是溺爱，想要给孩子一些锻炼和挫折感。1岁以内的孩子如果没有得到比较好的照顾，就可能会产生很糟糕的体验。我并不认为，给1岁以内的孩子挫折感是合适的。

很多精神病患者的病因，除了家族遗传外，还与他们1岁以内妈妈对他们的教养态度和方式密切相关。他们的妈妈极有可能也是精神病患者，无法养育正常的孩子。她们对孩子的认知以及因为孩子到来产生的体验与一般妈妈截然不同。有时她们甚至会幻想孩子是来害她们的，所以会像对待敌人一样对待孩子。孩子一旦感受到这些，就会做出相应的反应，或者因为不知道该如何应对而变傻。不满 1 岁的宝宝还没有稳定的自我认知，他们的一切都依赖于妈妈给他们创造的环境。当妈妈带给他们伤害性体验时，他们只能逆来顺受，对自己受到的对待的感受是毁灭性的。

我始终主张，一定要及时满足不满 1 岁的宝宝的所有需要，不给他们任何创伤性的体验。有一些家长认为，宝宝哭时（特别是晚上哭闹时）就让他哭一会儿，不要过分关注他，不要马上把他抱起来。我认为，对于不满 1 岁的宝宝来说，这种方式不可取。不满 1 岁的宝宝的任何哭声都代表着他们有某种需求。好妈妈要及时满足宝宝的需求。让宝宝等得过久，对宝宝而言是毁灭性的体验。比如，宝宝 3 个月大后会跟妈妈有一些互动，在这些互动中，如果妈妈将他照顾得很糟，宝宝就会认为："我是很糟的。"

宝宝不满 1 岁时，我们应尽量满足他们的需要，无须担心自己溺爱孩子。当然，新妈妈由于经验不足，难免会给宝宝带来一些小小的挫折感。豆妈刚开始也不懂宝宝的需要，所以做学习型的父母就非常重要。古语云：活到老，学到老。

当孩子大于 1 岁，父母们就需要慢慢地给他们建立规则，不能什么都满足，什么都代劳。这时候，适当的挫折，可以促进孩子成长。父母们也许不能理解，为什么被溺爱的孩子脾气特别大，很容易愤怒。其实很简单，因为孩子在被溺爱的同时，他们自我独立的空间也被剥夺了。溺爱是在培养无能的孩子。当孩子的自尊感、成就感开始形成的时候，他们就会因此自卑。这一切又是亲爱的爸爸妈妈带来的，他们离不开爸爸妈妈，但又发现爸爸妈妈满足不了他们所有的需要，只有愤怒不已。

授人以鱼，不如授人以渔。好的父母会让孩子具备面对世界的能力，而不是满足孩子的所有幻想。

一个有自我价值感的妈妈，才可能是个好妈妈。她们有责任心，但也会尊重宝宝的需要，尊重宝宝的感受，并且很清楚自己和宝宝之间的关系是两个人的关系。

2.2　我要竖着抱
——被尊重和支持的孩子更有力量

豆妈记录：新要求，新锻炼 ／ 2 个半月

2 个多月的豆子开始提新要求了，他不再满足于像小婴儿那样躺在怀里，而是把小肚皮一挺，身子往下蹭，要求竖着抱。在他的脖子还没发育好的时候，他对身处的这个世界就有了更多观望的欲望。

有意思的是，宝宝身体某个部位的发育和心理某个方面的发展几乎是对应的。他们能看到 3 米开外的时候，就不再满足于躺在小床里看床铃了，他们要转动脖子看更远的地方，好奇心逐日增加。

横着抱，显然已经满足不了豆子的求知欲了。经摸索，让这么大的宝宝最满意的姿势是：竖着抱。也就是说，我们得一只手横抱在他的胸部，另一只手托住他的屁股。有兴趣者可以找个宝宝试试，保证你抱两分钟就喊累。我们豆子的体重是 8 千克，被竖着抱的时候还喜欢蹬蹬腿儿挥挥手。所以，用这种抱法抱宝宝，实打实是个重体力活。

重？累？不要紧。豆子满意最重要，豆子的外婆外公、爷爷奶奶是这么想的，也是这么做的。老头儿老太太不辞辛劳地轮番竖着抱豆子。在入伏的天气里，抱一个小胖子在胸前，这一身的汗哪。但是豆子高兴，老人们流汗也流得乐呵。一个月下来，老人们臂力见长，比在健身房锻炼的成效大多了，外婆抱着豆子去花园溜达半个小时都不用换人手，钦佩！我坚持10分钟就有手臂废掉的感觉。

豆子最初要求竖着抱时，我们只是抱着他在屋里转转，在书柜前盘桓一会儿，到餐桌前看看，去洗手间遛遛，这么转悠几天后，家里对豆子就没有吸引力了。他的野心开始转向户外，于是，每天晚饭后，抱着豆子出去散步成了我们必做的功课，也是豆子的欢乐时光。

一出门，豆子的眼睛就不够用了，绿茵茵的草地、黄灿灿的小花儿、剪成团状的榕树、停在房前的汽车，天哪，怎么看得过来。抱着他走在路上时，我们就指指点点地给豆子讲解："这是小树，小树长得多茂盛啊，绿色的叶子……这是汽车，豆子长大也开汽车……"然而这种讲解完全是一厢情愿的，豆子的眼睛来不及顺着我们指的方向看，他要看的景点太多，根本目不暇接，所以他完全无心听我们在讲什么，当然他也听不懂。

世界在豆子的眼里是全新的，他忽闪着明亮的眼睛，饶有兴致地看每一样在我们看来平淡无奇的东西，看个没够。有时，在我们不经意间，他就会因为看到了什么，突然一乐；有时，他的眼光会在微黄的街灯上驻留几秒，光亮也是他喜欢的……

当我们手臂酸了想横着抱他一会儿时，他就又会打挺了，好像在说："不，我要竖着抱！"

心理师爸爸的分析：竖着抱，让宝宝的身心得以发展

> 宝宝对世界充满了好奇感，因为好奇，宝宝开始用自己的眼睛去看世界。这是他的本能，也是生存的法则。

◇ 竖着抱，可以尽早发展宝宝的好奇心

随着宝宝颈部的发育，宝宝不再满足于躺在妈妈的怀里，只看妈妈的脸，或者头顶上的床铃，而是想立起脖子，竖着头，360度地观察、打量充满种种新奇事物的世界。对宝宝来说，这就像青蛙终于跳出了一眼水井一样，是一件具有里程碑意义的事情，他们会从此看到无比开阔的世界。

宝宝要竖着抱了，那就满足他们吧。虽然这样很辛苦，但辛苦付出会换来宝宝好奇心的满足、感知觉的发展等一系列身心的发展。

2~4个月宝宝的视觉、听觉等感知觉正在迅速发育，他们的感官在不断地积极探索这个世界，感官的健康发展是宝宝心理发展不可缺少的生理条件。外界新奇的事物让宝宝感知到多姿多彩的世界。因为想看到更多，宝宝的颈部、腰背部肌肉需要更有力量，才能满足他们看世界的欲望，因此，心理发展也会进一步促进宝宝生理上的发育，这是一个良性循环的过程。

渐渐地，相对熟悉的事物（如玩具、奶瓶）更容易引起宝宝追视，家长可以在宝宝眼前晃动这些宝宝熟悉的物体以吸引其注意力，以此来锻炼宝宝最初的专注力。早期形成的专注力会使宝宝日后受益匪浅。

◇ **竖着抱,是对孩子心理需要的满足**

竖着抱是豆子开始了解世界时产生的第一个愿望。当然,拥有人类区别于动物的表征——直立行走也是豆子的愿望,他正在渴望成为一个真正的人。他学习抬头、坐立、运用小手……这些都是生理发育的表现,也是豆子的心理需要。

这些需要和其他很多需要一样,被储存在人类的无意识中,这些需要被满足会让宝宝很快乐。宝宝在寻求满足的过程中遭遇挫折,会产生两种反应:一是压抑需求,等到自己有能力时,再满足自己的需求;二是情绪波动,感到愤怒,这是为了表达没有被满足的无力感。父母常意识不到自己未满足宝宝,会让宝宝产生这些反应。值得注意的是,宝宝的合理化愿望未被满足带来的心理问题,会实在地以某些不易被发现的方式影响其人生。

一个 9 岁的男孩子非常聪明,但经常生病,身体很不好。如果我们追溯他的养育过程,就可以发现很多问题。他出生后,他的爷爷奶奶、外公外婆、爸爸妈妈一起照顾他。妈妈和外婆总是有意见分歧,经常为了他穿多少、吃多少等问题产生冲突,谁也不妥协。男孩生活在广州,冬天时,外婆总按照老家的保暖方式给他穿很多衣服,把他包得严严实实,妈妈看见了,就给他脱掉一些衣服。有时候,他会因为穿得过多而冒汗,外婆却认为,孩子出汗是好事情。年幼的男孩还不会表达,我想那时的他即使会表达,恐怕外婆也不会听。

在这个孩子的成长过程中,扭曲、压抑他真实愿望的类似事情有很多。其结果是,长大后,他看起来很听话,但仔细观察他的眼神时，我总会从中发现一种孤傲。他在心里看不起很多人。虽然孩子的嘴很甜，但我感受不到孩子的真诚。

豆妈是个细心的妈妈，并且懂得尊重和满足豆子的需要。这不是每一个妈妈都能做到的。

◇ 家长不愿满足孩子的合理化愿望，常出于自私

很多孩子有心理问题都是因为有太多合理愿望没有被满足，而家长不愿意满足孩子的这些愿望，一部分是他们不认为这些愿望合理，但更主要的是，他们不明白尊重孩子需要的重要性，怕满足孩子的需要会给自己带来麻烦。

比如，3岁的宝宝对什么都感兴趣，他们会去玩泥巴，把自己弄得很脏。这会给妈妈带来要洗脏衣服的麻烦，所以妈妈为了不让自己麻烦，就无视宝宝想玩泥巴的需要，剥夺宝宝玩泥巴的快乐。除了不想洗脏衣服外，妈妈还不愿意承受一种失望的感觉："我的宝宝怎么能是脏脏的呢？"宝宝弄脏衣服，妈妈还会担心受到指责，所以妈妈为了避免一些事情的发生，就控制宝宝，不允许宝宝玩泥巴。有些宝宝会进行反抗，但更多的宝宝因为爱妈妈，就会选择讨好妈妈，放弃玩泥巴。如此一来，妈妈就用控制的方式满足了自己的需要。

豆子要竖着抱的需要是合理的，为了满足他，妈妈和其他照料者要付出很大的努力。假如豆妈为了自己轻松点，把豆子一直扔在推车里，又或者总是横着抱他，那豆子在挣扎后，也就会妥协。因为他太弱小了。他自然不会开心，压抑的情绪也就会产生。

◇ **爱孩子，从尊重孩子开始**

注重自己的想法而忽略孩子的需要是大多数父母的"通病"，因为很多父母都是在这样的环境中成长起来的。很多妈妈会通过看书、听课等方式学习育儿知识，但要让她们运用学来的知识则比登天还难。"道理都懂啊，只是我们家孩子太麻烦了，那些道理好像没用。"这是我听妈妈们说得最多的一句话。

是啊，道理有什么用呢？假如家长不愿放弃对孩子的控制，一切都是枉谈。家长为什么不愿放弃对孩子的控制呢？因为他们内心矛盾，担心放弃控制，孩子会变得无法无天。我们崇尚爱与自由，但我们内心的真实体会是，不受控制似乎很令人恐惧。

控制孩子，强调孝顺，是弱者的思维模式。**越感觉自己弱，想控制的欲望就越强。当然，这是无意识的，很多人都会在意识层面上自欺欺人地认为：我这是为孩子好！**

这是很可笑的逻辑，控制别人，还说是为别人好。殊不知，控制往往会带来反抗。许多妈妈抱怨："孩子到了青春期好像完全变了个人，充满愤怒，甚至都不想理会我。"我想问妈妈们一个问题：你们控制了孩子这么多年，孩子隐忍了这么多年，发泄一下，不正常吗？

给宝宝尊重，要从宝宝出生时就开始。这不是件容易的事，需要做父母的有很强的心理能量，并不断进行自我觉察。

有时候我们会把宝宝想象成另外一个人，真实的孩子反而被我们忽略了。孩子是独立的个体，他们必然会有自己的世界。孩子放开妈妈的手去和其他人互动时，妈妈就可能会有些失落。但妈妈要明白，这是必然会发生的，每个独立的个体都必然要完成自己。

"应该做什么""必须这样做""这是好的，那是错的"，这些信息会成为孩子内在价值系统的一部分，孩子会很自然地在别人的评价中获得自己的价值。意识到自己被支持和尊重的孩子更有力量，会在探索属于他们的世界和发展他们自己的空间时感到安全。给予孩子尊重就意味着要尊重他们的边界，尊重他们自己。

爱孩子，从尊重孩子开始。

2.3　我还不会说话，也能和爸爸交流
　　　　——爱的语言，说给宝宝听

豆妈记录：羡慕，豆爸会说"火星语"　／　3个半月

　　逐渐长大的豆子不再仅仅满足于吃饱、睡好，他要竖着抱，喜欢感受外面的世界，现在，他还要跟我们交流。

　　其实豆子一直在和我们交流。豆子还在我肚子里的时候，我和豆子就通过一根脐带交流各种物质和精神信息。豆子出生后，通过吃奶、要抱抱、对视等形式与我和豆爸交流，现在豆子与我们交流的形式升级，从无声的变成有声的，从被动的变为互动的了。

　　3个多月的小豆子还不会说话，怎么和他交流呢？这对我来说是个难题。我仅与6岁以上的学龄儿童打过交道，我们交流的方式是说汉语。我以前一直怕逗小宝宝，因为根本不知道怎么跟他们玩，大眼瞪小眼，很尴尬。

　　现在，豆子就在我眼前，我和儿子不能总处在尴尬中吧。我认为，学习怎么与婴儿相处、交流是当妈妈的首要任务。我很羡慕一类人，

他们在这方面简直天赋异禀，和小宝宝沟通起来轻松自如，只要打个响舌、叽叽咕咕地说几声，小宝宝就乐开了花，这类人被统称为很有小孩儿缘的人。

豆爸就是这样的人，他总能轻易地把豆子逗笑。豆子被他抱起来，坐在膝头，他们大脸对小脸，豆爸朝豆子挤眉弄眼，嘴里咿哩哇啦地冒出一串一串的"火星语"："@#￥%▼&*……！@￥%#★……"豆子听着听着就乐了，也开始咿咿呀呀地说"火星语"，父子俩交流得很开心，豆爸还做鬼脸，表情夸张，豆子兴奋了，就吱哇乱叫。

我相信还存在另一类人，他们需要像学习一门技术那样学习与宝宝交流，我就属于这类人。最好有人能帮我整理出一、二、三、四条，说明和宝宝交流时可以做什么，技术要点是什么。

我很羡慕豆爸的本事，虚心向豆爸求教。豆爸告诉我："他说什么话，你就说什么话，要用人家系统内的语言跟人家交流嘛。"

道理很简单，执行效果却和想象中的不一样。我仔细听豆子在说什么，发现他每天说的都是"啊……卟"或者"啊卟……""啊……卟……"。我把豆子放在膝头，看着他的眼睛，跟他说"啊……卟卟卟"，豆子很冷静地看着我，听我说的话，但并没有和我交流。难道是我的表情不够丰富？我加强"火力"，表演得更卖力，豆子被我的诚意感动了，浅浅一笑，有时也回应两声"啊……卟"。我有点失落，儿子不买我的账啊！

豆爸在旁边教导我说："你得用心跟他交流，只有形式是不行的。"很有风凉味儿。

后来，听人说，婴儿更容易被爸爸逗乐，这是因为一般情况下，爸爸工作繁忙，与婴儿的交流时间较少，他们多是用夸张的方式，这往往能在短时间内把婴儿逗乐；而妈妈与婴儿相处的时间长，交流的方式则比较柔和、细致。听到这段话，我简直要从内心深处伸出大拇指来。一切皆有原因，既然找到了根源，我也就不必再强扭瓜了。

是啊，我不必那么羡慕豆爸，不必生硬地模仿，我要开创属于我和豆子的交流方式。我在和豆子的朝夕相处中摸索着，并且颇有心得。

豆爸有一句话是对的，要用心交流，对于不会说话的小宝宝尤其要如此。他们不会像大人一样用语言敷衍其他人。只要你用心了，你们之间就有交流的方法；如果你没用心，他是不会搭理你的。

现在，我和豆子去大花园找他的朋友们玩时，再也不怵了。每次把宝宝们逗乐的同时，我也被宝宝们逗得哈哈大笑。

我们开发出很多与豆子交流的方式，豆子尤其喜欢我们和他"疯"。抱他转圈，他洗完澡后用嘴巴拱他的小肚皮，抱着他躲在门后吓外公，都是他喜爱的项目。每当玩这些游戏，豆子就会嘎嘎地笑。我也会以很"妈妈"的方式和他交流，在他耳边轻轻说话，给他的背做抚触按摩，豆子很享受，我也很开心。

心理师爸爸的分析：我们用什么和宝宝交流

爸爸在育儿过程中如何与宝宝交流？宝宝并不能听懂爸爸的话，但他能感受爸爸的爱、爸爸的心，爸爸可以缓解"坏妈妈"给宝宝带来的挫折感。其实，爸爸只是满足宝宝自恋心理的又一个"妈妈"。

◇ 无意识中的交流

所谓的心灵感应是存在的，那是一种无意识的交流状态。那么无意识又是怎样被意识到的呢？通过情绪和情感。

根据精神分析理论，生命中发生的任何事情都会在我们的无意识中留下印记，但我们并不一定对它们产生记忆。很少有人可以记得3岁前发生的事情，但有意思的是，3岁前因为经历某些事情而体验到的情绪可能会影响我们一辈子。

◇ 给宝宝关爱的人，更受宝宝欢迎

关于爸爸更容易逗乐宝宝的结论，我并不是很认同。首先，没有确凿的证据表明爸爸更容易逗乐宝宝；其次，即便真有足以佐证的调查结果来证明这一发现的真实性，我也只会将这样的结论理解为是为了缓解妈妈们的挫败感而找的一个合理化理由。当然，这样的合理化理由真的缓解了豆妈的挫败感。

宝宝更容易跟谁产生更亲密的依恋关系呢？答案是愿意给予宝宝满足体验的人。

有这样一个案例。

在一个家庭中，奶奶特别期望有个孙子，妈妈也特别希望有个儿子。然而，妈妈生的是女孩。虽然奶奶和妈妈也很喜欢这个宝宝，但从宝宝7个月开始，家里人就发现宝宝特别喜欢爷爷和爸爸，只要见到爷爷和爸爸就很开心。哪怕正与奶奶玩得很开心，只要一见

爷爷，就会伸出手要爷爷抱。

　　这么小的宝宝就能分辨出谁是最喜欢自己的，难道她是个人精不成？

　　其实，换位思考一下，你就会明白。如果让你在一个都是陌生人的环境中与他人建立关系，你会怎么做？你肯定想与自己看着顺眼的人建立关系。所谓看着顺眼，其实就是对方让你感觉面善，产生好感。一个人为什么让你感觉面善？这大抵是因为他对你更亲切，相比之下更关注你，使你有被照顾、关爱的感觉。

　　道理很简单，每个人都有体验安全感的需要和被满足的需要，爱就是被满足的体验。当你内心真正爱宝宝的时候，会不自觉地满足宝宝的需要，把注意力完全转移到宝宝身上。宝宝体验到被关注、被满足的感受时就会很快乐。给予宝宝满足体验的人就是完美照料者，宝宝会很自然地与完美照料者产生亲密的依恋关系。

　　我会对豆子说一些不知道是什么的话，叽里咕噜的，只是为了满足他，跟他沟通，这样的话被豆妈叫作"火星语"。我希望豆子能体验到我在积极跟他交流。豆子真的体验到了，所以他后来也会跟我咿咿呀呀地交流。虽然我一直都听不懂豆子想跟我说什么，但是那一刻，豆子在我心里，我也一定在豆子心里，这就会让豆子获得存在感。

　　宝宝就是基于这样的内在动力，来选择让自己满足的对象。这样的模式会在宝宝的一生中延续。案例中女宝宝的奶奶和妈妈是喜欢她的，但她们内心期待宝宝是个男孩子的愿望总是像隔在她们和宝宝之间的障碍，使她们不能成为宝宝心中的完美照料者，所以宝宝就会对她们产生疏远感。而爷爷和爸爸对宝宝是全身心喜爱的，所以宝宝与他们更亲近。

所以，如果宝宝能与爸爸更好地互动，并不是因为宝宝能听懂爸爸的话，而是因为他能感受爸爸的爱和爸爸的心，爸爸可以缓解"坏妈妈"给宝宝带来的挫折感。其实，爸爸只是满足宝宝自恋心理的又一个"妈妈"。

◇ 情绪比语言更重要

语言对于刚出生不久的婴儿来说是很苍白的，我们需要用情绪"感染"他。这似乎很玄，实则不然。

宝宝是上天给父母的礼物。我给豆子传递的信息一直是"我爱你，你是我的宝贝"。在爱的氛围中，我与豆子的交流自然就顺畅了。"用心、忘我"是和宝宝交流的基本原则。

我每次下班回家，见到粉粉的小宝宝，眼睛里就只有宝宝，任何烦恼都会被关在门外。我看着他，满心欢喜，感激上苍给我一个这么好的礼物，怀着这样的欢喜与宝宝交流时，宝宝是会感觉到的。

我们经常听到一句话：爱可以改变一切。乍一听，这句话似乎有点口号的味道，但细细体会，就会觉得这句话是真理。当我们内心充满爱时，眼前的一切才会是美好的。在我心中，细眼睛的小豆子是世界上最可爱的小人儿。他的笑那样甜美，任何华丽的辞藻都无法描述出那样的甜美。

亲子之间的爱有一个基础。宝宝是我们生命的延续，他们的到来，大大缓解了父母对死亡的恐惧。生命延续是人生意义的一种体现。从这个角度上说，宝宝是给予者。

　　有了爱，和宝宝交流一点都不难。任何人都会说宝宝能"听懂"的话，我们每个人都能"听懂"爱的语言，哪怕是刚出生的宝宝。

2.4　我不是胖胖
——不要随意给宝宝贴标签

豆妈记录：宝宝听得懂　／　4个月

无可否认，我们豆子是个小胖子，这件事超出了我的预料，然而符合豆爸在暗地里的猜想。

之前，我做过许久思想准备，我的脑海中从未闪现过会生下一个胖小子的念头。我猜想，我的宝宝可能是个帅小子或者野丫头，但我真没想过胖瘦的问题。眼看着豆豆日益丰满，我抑制不住地惊讶："天哪，怎么会长得这么快，这么胖！"我担心他饮食过量，担心他脂肪细胞分裂过快会影响日后的身材，担心他现在就胖出问题。我查阅各种资料，着手控制他的食量。

豆爸在此时却沉着应对，原来，一切都在他预料之中，因为他小时候就是个大胖子！豆爸早已预测到，儿子会遗传他的基因，会迅猛地变成小胖子。

豆爸安慰我说："不要紧，我们家的人都这样，小的时候胖，长大就好了，你看我现在不是挺好吗？"即便有现实的例证，我还是忧心忡忡——豆子的眼睛本来就小，脑袋本来就大，脸上再贴上那么多肉肉……

有时候我会悄悄地跟豆子说："宝宝乖，咱们少吃点，瘦一点更漂亮哈。"我说得很诚恳，希望豆子能听懂。我从他的眼神感觉到他领会了我的意思，但……他仍然在继续长胖。豆爸不知道我对豆子说这样的话，他如果知道了，肯定会批评我。他一直明示和暗示我，豆子是最可爱的，妈妈得让他知道这一点。

事实证明，小宝宝的心是像明镜一样锃亮的，他可能听不懂我们说的词汇，但能领会我们的感受。

我们带豆子出去玩时，会收获很高的回头率，他藕节一样的粉嫩手臂，还有肥嘟嘟的脸蛋儿，吸引着人的眼球。路人常夸："好胖的宝宝啊！"

为此，豆子真的很郁闷，很委屈。爸爸妈妈们真的不要以为几个月大的小宝宝听不懂大人说的话。据我们反复观察、验证，豆子是能听懂"好话"和"坏话"的。但凡人家说："豆子长得真好啊！"他就眉开眼笑，喜感十足；若是别人惊呼："哎哟，这个宝宝好胖！"豆子就开始瘪嘴、挤眉头、嘤嘤而哭，一边哭还一边往我们怀里钻，看起来极度委屈。

外婆说，我们豆子自尊心强，不要随便说他不好。外婆如果在抱着豆子散步时遇到朋友，就会赶在他们发表评论前偷偷提醒他们："多讲豆子乖，不要说他胖。"有些阿婆就会打趣豆子："哟，你这么小就知道在说你啦？小人精哦！"

其实，我也惊叹于宝宝的理解力，在没有掌握语言的情况下，他是凭借什么辨别好坏的呢？豆子，你真是一个神奇的小生物。

自从我相信豆子能听懂我们的话，更能看懂我们的心之后，我开始反思自己：是我不对，我不想让宝宝胖，觉得胖不好，所以宝宝肯定不愿意别人说他胖。问题的根源找到了，就从根上解决吧。

我对豆子说："妈妈爱你，无论你长什么样，你都是妈妈最爱的小宝宝。"豆子笑了。

心理师爸爸的分析：不要随意给宝宝贴标签

> 宝宝在感受世界时用的不是眼睛和耳朵，而是自己的心。在宝宝的心里，世界很纯净，因此，一点点不和谐的音符都可以引起他们内心的震动。

宝宝的心就好像白纸一般。从宝宝出生那天起，白纸上就开始出现各式各样的图画。有的图画有规则，是富有美感的；而有些则是没有规则的。这些图画的色彩也是各种各样的，有的明快，让人感觉到欣喜；有的灰暗，让人感到沉重甚至抑郁。

这些图画是宝宝在与人互动的过程中画的。这些图画一旦出现在最初的生命中，就很难改变，有些甚至需要用一生修改。随着宝宝不断成长，这些图画会被定格，这就是我们所说的性格了。

每个宝宝都是身、心完全开放的个体，就像一座没有门锁的房子一般，亲人可以进来，朋友可以进来，强盗和伤人的野兽同样可以进来。这时候，照料者就是宝宝心门的守护者，帮他过滤，帮他选择。我们常犯一个错误，那就是用自己的评价影响宝宝的判断，学习能力不强的父母尤其如此。

豆子对大人的评价有反应，是因为豆子能体会到评价他的人的情感。相对于语言来说，人们在互动之中流露出的情感更真实。要知道，大人给宝宝贴标签就已经是不尊重的开始了。

我想，豆子并不是因为别人说他胖而感觉委屈，更多的是感觉自己被人评价而委屈。当然，很多人说豆子胖的时候带着疼爱之心；而有些人只是所谓的"实事求是"，带着所谓的"公正"之心。让这么小的豆子感受这些，很残忍。等他大了，他会自己选择，这是他的权利。

大人的评价在宝宝的内心刻画出的画面，会影响宝宝的人格结构。我自己就是一个很好的例子。

我刚出生的时候，又黑又丑，全身毛发茂盛。自我开始懂事起，我就一直处在一种对长相的莫名自卑中。在青春期开始关注自己外表的岁月里，我的长相也成了我少年时期的烦恼之源。虽然我大了以后也有人说我长得还可以，但说实在的，起码30岁之前，我一直不相信"帅""标致"等形容词能用在我身上。

最终，从与妈妈的谈话中我找到了这种烦恼的来源。刚出生时，我妈妈的第一反应就是这个孩子好丑。接下来，其他的亲人也都说这个孩子很丑，他们有些人用嘴说出来，有些人在心里说了。虽然我是家里第一个孩子而受到很多关爱，但"这个孩子很丑"的评价，一直根植于我的无意识中成为一个魔咒，影响了我很多年。这成了我心底的一道硬伤，很久之后才修复。

有多少人喜欢听夸奖的话，而害怕听到否定的话？其实，这样的人都是在婴儿时期有创伤体验的人，而这些体验大多是大人们给的。所以，大人们说的一句看似是玩笑的话，就可能会给一个没有保护能力和分析能力的孩子带来一次创伤体验。

有些人说，"我从来不打压我的宝宝，我一直在赞扬他"，殊不知不客观的赞扬其实也会带给宝宝压力，在具体的事情中认可宝宝的努力，才是真正的认同，才能真正帮助宝宝获得稳定的自我价值感。

在从业生涯中，我见过很多处在自我价值冲突中的人。他们有时候感觉自己是很棒的、有价值的；有时候又会觉得自己一无是处。这种不稳定的自我评价的最初来源就是照料者的态度，还有照料者内心对他们的评价。

不管怎么说，不要随意给宝宝贴标签。就像自我觉察后的豆妈一样，用心中的爱深情地告诉豆子："妈妈爱你，无论你长什么样，你都是妈妈最爱的小宝宝。"

豆子笑了，我也笑了。

2.5 豆子正处于口欲期

——用嘴巴探索世界，是宝宝必经的阶段

豆妈记录：用嘴巴"看"世界的小人儿 ／ 5个月

豆豆5个月了，从一个只会吃吃睡睡的"小猪"逐渐变成要找乐子的小宝宝。豆子的乐子都有什么呢？吃手、舔东西，总之就是干点吃喝以外的闲事儿。

这种现象的出现源于他躯体能力的发展，从只能躺着等吃等喝，身体不能自主运动，到能控制自己的四肢，头能抬起来，豆子在一天一天地成长。现在，他已经能把小手准确地塞进嘴里了。

豆子很享受吃手，但是控制不了分寸。他吃手的时候不会啃某一根手指头，而是把整个拳头塞进嘴里，而且还要拼命把手往喉咙里面塞，都要呕吐了还不住手。

吃手的乐趣不知道是不是被编写在了人类的基因里，不仅豆子爱吃手，豆爸也爱吃手。我们家有一张照片，记录了豆爸和豆子共同的兴趣：豆子躺在豆爸的腿上，两人相对着吃手，各自沉浸其中。

这张照片实在是研究吃手之心理成因的经典例子。

豆子的乐子都离不开他的小手和小嘴。随着豆子找乐欲望不断萌发，他的手和嘴的机能发展得也非常迅猛。我们每个人被口水洇湿的肩膀就是见证。由于豆子的脖子还不是很有力，脑袋又很大，所以他趴在我的肩头时，嘴巴正好啃在我肩膀上，他观望着周遭的事物，对这个世界垂涎三尺，一切都是那么吸引他，他的口水源源不断地流到我的衣服上。

豆子不满足于看，他还想摸，用嘴巴舔——更深度地认识新事物。起初，我理所当然地认为，豆子接触一样东西的办法就是去拿、去摸，所以，我们给他玩具时都是将玩具递到他的小手上。有意思的是，豆子接玩具的时候，小手和小嘴是同时张开的，样子很搞笑。

豆子拿起一样东西的下一个动作通常就是往嘴里送，这导致有他的地方就有口水。刚学会用手的小豆子乐此不疲地把所有能接触到的东西往嘴巴里送，这大大增加了我们做保洁工作时的工作量，病从口入啊。于是，玩具要经常洗，家具要经常擦，洗的时候还不能用洗衣粉，得用清水或者婴儿专用的无刺激清洗剂。我们看着他玩的时候也要多留心一些，前天他就趁我们不备，抓起身边的纸巾一把塞进嘴里，我们回头时，半张纸巾已经被他留在了嘴里，我们一声惊呼，赶紧把纸巾抠出来。这个活宝动作的危险系数越来越大了。

星期天，我去婴幼儿用品的大卖场给豆子买玩具，发现玩具商们想得真周到，1岁以内宝宝的玩具上几乎都带有牙胶，专供宝宝咬和啃。这个年龄段的宝宝用品都充分体现了宝宝爱用嘴巴认识世界的特点：带绒毛的玩具很少，因为它们容易藏污纳垢；口水兜五颜六色……一切都为了满足宝宝的小嘴。

　　原来，小小的嘴巴在宝宝的世界里如此重要，它不仅满足宝宝吃奶、喝水的生理需要，还带给他无限的快乐。我打量着豆子的嘴巴，这是一张漂亮的小嘴，有清晰的唇线，还有微微翘起的弧度。哦，我也觉得好满足。

心理师爸爸的分析：宝宝正在口欲期

> 　　吃可以满足最原始的欲望。嘴巴的功能不光是吃，还有与他人建立情感。宝宝用嘴巴满足生理需要的同时，也用嘴巴来满足心理需要。

◇ 用嘴巴来建立关系

　　宝宝在生命初期需要经历口欲期、肛欲期、性蕾期等几个时期。建立在长期研究基础上的精神分析理论在豆子身上再一次被验证。

　　0～1岁的宝宝确实会用嘴巴完成很多事情，头几个月尤其明显。婴儿的快乐体验很多时候来自嘴巴的满足。

　　豆子需要和照料者、这个世界建立关系，而这些关系最初是豆子通过吸吮妈妈的奶头开始建立的。豆子需要直接的体验，他还没有能力去感受太多的复杂的关系方式，因此他用嘴巴，嘴巴连着他的心。

　　有意思的是，一旦两个人建立恋爱关系，那么他们也会像婴儿一样，用嘴巴表达爱慕，这种现象体现了婴儿期心理的延续。大家常说恋爱中的人很幼稚，实际上是因为他们退行至婴儿期。恋爱关系中的人们都渴望被照顾，与婴儿不同的是，成年人会通过更多的方式来表达和交流，比如身体的结合、抚摩、语言等。

◇ 用嘴巴处理情绪

豆子会用嘴巴表达情绪、处理情绪。比如，豆子一个人在某个空间里时，就会有点焦虑，他会吸吮奶嘴或者手指让焦虑得到缓解，这是豆子自我功能发展的第一步——自己满足自己。豆子伤心的时候，会通过吸吮奶嘴体会安全与放松的感受，缓解负面的情绪。

豆子会通过嘴巴来表达爱。他从小就被很多人亲吻。他大一点了，想表示对一个人的喜欢时，就会把那个人亲得满脸口水，然后咧着只有几颗牙齿的嘴巴开怀大笑。

嘴巴，太重要了。

我遇见过一些因为不能控制饮食而来求助的人。经过分析，我发现这种状况出现的原因就是他们需要用吃来缓解无意识的焦虑和恐惧感。他们中的很多人都曾有在婴儿期没有获得嘴巴上的满足的经历。宝宝的嘴巴在婴儿期未获得满足还可能导致其长大后有吸烟的习惯，他们可能因为没有机会吸吮乳头，而体验到缺失；除此之外，婴儿期在嘴巴上获得过度满足或者过了婴儿期还主要依靠嘴巴获得满足的人，比如吃奶吃到2岁以上的人，也容易养成吸烟的习惯。

许多人，包括我本人有无意识地啃手指的习惯。我思考问题时、紧张时或者内心感到恐惧时，都会啃手指。这样的行为可能会被人认为不雅观，但我自己无所谓。我分析过我为什么会这样，这和我婴儿期被强制断奶有关，那时候没有安慰奶嘴，啃手指的愿望被阻止给我留下了后遗症。

任何事情都要在合理的范围内，假如没有达到或者超过这个范围，往往会引发一些问题。体验缺失后会一直念念不忘，总会想尽办法完成未满足的过程；但吃撑会引起对食物的反感。要想心理健康，就要在合适的时候做合适的事情。一个成年人表现得太幼稚，或者一个 3 岁的孩子表现出小大人的状态，都会让人担心。

◇ 满足宝宝的嘴巴

有一些妈妈对孩子啃手指很在意，认为是不好的表现。其实大可不必，妈妈们可以用放松的态度来看待这个现象。宝宝在一定的阶段内肯定会对自己的手指充满兴趣，总是要吮吸手指。这是一个里程碑似的行为，它代表着宝宝要开始满足自己，并尝试自己处理情绪。

许多妈妈会就宝宝啃手指做出自己的判断，并试图阻止宝宝这样做。我和这些妈妈们说：让你的宝宝啃手指吧，这是一个再正常不过的行为，假如你的宝宝连手指都没有啃过，那么他很有可能会在将来的日子里做出类似的举动。你见过 18 岁还啃手指的孩子吗？如果有，那么就说明这样的孩子在婴儿期缺失这个过程。宝宝啃手指，说明他焦虑，他在自我解决情绪呢。很多的焦虑是针对未来的，宝宝要接触太多新的东西，他应付的时候自然会焦虑。

如果四五岁的孩子啃手指，那父母就要检讨一下了。孩子这样的行为很可能是父母造成的。不要一味地纠正，要好好地观察一下，孩子在通过这样的行为表达什么，解决什么问题。

豆子在体验各种新奇的事物时获得经验，眼睛不够用，那自然就要用嘴巴了。嘴巴在人类成长的过程中发挥重要的作用。

总体来说，用嘴巴探索世界是宝宝必然要经历的一个阶段。照料者能做的就是让宝宝完成这个阶段内的成长，并逐渐过渡到下一个阶段。父母要做的不是阻止，而是满足。注意保持玩具和宝宝手指的清洁，当然，这需要父母们先接受宝宝需要通过嘴巴获得满足的观点。

对于宝宝来说，情绪和情感基本都是用嘴巴表达的。请尊重宝宝，尊重他表达自己的方式。在保证宝宝安全的前提下，不要用自己的好恶帮宝宝判断，更不要因为自己嫌麻烦而阻止他们的"嘴巴程序"，否则会给宝宝带来创伤体验，让宝宝变得很敏感。

豆子外婆试图阻止豆子啃手指，被我劝阻了，照料者之间达成一致很重要。看到豆子畅快淋漓地用嘴巴体验这个世界，我很庆幸，豆子正常，起码到现在，他在正常的范围内。

2.6　超级郁闷，一周摔了两次
——创伤被处理，宝宝才能成长

豆妈记录：超级郁闷，一周摔了两次 ／ 5个月

豆子睡的小床护栏是可以放下的，护栏放下的时候，床沿处就没有遮挡，方便大人们把豆子抱进抱出。

在事故发生之前的大部分时间里，豆子的床栏都是放下的，夜里也不关上，因为他还不会翻身，不会自己翻下来。

而所谓"意外"就这样发生了。我们料定不会翻身的豆子摔不下床，他就给了我们一个相当大的意外。

一周前的夜里，事故发生时，我受惊吓的程度可以用"魂飞魄散"来形容。

夜半三更，只听得"砰"的一记闷响，睡意还没完全消失，就听到了一声划破夜空的惊天哭泣。那一秒，我完全傻了，在意识到豆子摔下来的那一秒，我的脑子里是空白的。豆爸失控地大叫了一声，等我回过神来，豆子已经在豆爸怀里了。我没有看到过程，不知道豆爸是从床上越过我，"凌空"过去的，还是按常规路径从床边绕过去的。事后，我问他，他也不记得了。

豆子在豆爸怀里凄厉地哭，我们的心和宁静的夜被哭声划得支离破碎。豆爸把豆子紧紧地抱在怀里，嘴里一直说："宝宝，没事了。宝宝，没事了。"我凝固在原地，挪不开步子，魂都不见了。

幸好没有大碍，豆子哭了几分钟，就睡着了。我和豆爸小心地把豆子放回小床上，再三检查有没有锁上床栏。关上灯后，我还是控制不住地想象豆子摔下来那一瞬间的景象。他是头先着地的，还是屁股先着地的？如果是头先着地的，那先磕到的是后脑勺，还是前额？无论什么情形，我的心房都一直紧揪着。豆子那么小，皮肤嫩得吹弹可破，居然从60厘米高的地方摔下来，太恐怖了。

我坚决不能再让这样的事发生，随时检查有没有锁牢床栏。回忆事故原因时，我们发现，豆子虽然还不会翻身，但小腿已经很有劲了，估计是蹬住了床沿，一下子蹭下来了。

然而，在我们提高警惕后，不幸的事情再次发生，小豆子又从大床上摔下来了。因为觉得在小床上不安全，所以我专门把他放在我们的大床上，让他趴着练抬头。我确信豆子还没有爬行能力，可就在我转身拿东西的时候……又听到了一记闷响，紧接着，还是尖厉的哭声！我都要"疯"了！我冲过去抱起豆子，心疼得不知道怎么办才好，只能拼命说："宝宝不哭了，宝宝没事了。"

两分钟后，豆子的哭声逐渐停止，我却无论如何也平静不了，歉疚得一塌糊涂，非常非常沮丧。作为一个那么弱小的孩子的保护者，我推卸不了责任，离上一次摔下来才三天。一周之内，豆子摔了两次。我觉得自己是很糟糕的妈妈，无法原谅自己。

当天晚上，豆子就不肯一个人睡小床了。平常他晚上醒来时，都小声哼哼一下，提醒我要喂他奶了，吃完奶就会睡着。可我那天晚上喂完豆子奶后，一把他放回小床上，他就哭，一定要抱着。我反复试了好多次，都没有成功。豆爸说，让他跟我们睡吧。果然，在我和豆爸中间的豆子又好好睡觉了。可怜的小豆子，摔怕了。

都说孩子是在磕磕绊绊中长大的，都说宝宝总会有一次从床上摔下来的经历，可是事情真发生在自己孩子身上的时候，才知道，很郁闷。一周内发生两次这样的事，给我和宝宝的打击都很大，这件事给我们留下的恐惧可能需要很长时间才能消除。

还好豆子皮实，还好两次都没摔到后脑勺，我在庆幸的同时，也会感慨，孩子可能会遇到的危险真多啊！一定要小心！

对不起，小豆子，妈妈一定更细致地照顾你。

心理师爸爸的分析：如何处理成长中的小创伤

豆子从床上摔下来两次，体会到世界的不安全，是无视他的恐惧情绪继续让他自己睡，还是从此不让他自己睡，抑或代宝宝向床发泄愤怒？

◇ 人面对创伤时有哪些本能反应

是人，就有疏忽的时候。任何照顾都不可能是完美的、没有挫折的。豆子初次体验到了恐惧，这给他幼小的心灵留下了一个小小的创伤，也让他开始学习怎样更好地保护自己——逃跑。意外发生之后，豆子要逃离恐惧，他不再愿意在没有爸爸妈妈的小床上一个人待着。

人对死亡的恐惧是从一出生就有的，这种感觉存在于动物的基因里，正是有了这样的基因组成，人才会有本能的怕死反应。当遇见危险时，人就会保护自己。同样因为对死亡恐惧，人学会了善待自己，尊重生命。

人在遇到危险的时候，一般会有以下几种反应，这是所有动物共有的。

第一，逃跑。这里提到的"逃跑"有很多方式，回避或不去没有安全感的地方，也是逃跑的表现之一。豆子就用了这样的方式。

第二，战斗。豆子太小了，他没有任何战斗的能力。不过很多成年人在愤怒的时候会表现出攻击性，呈现出一种战斗状态。在这样的状态中，人会变得很有力量、很强大。

第三，僵住。如果你仔细观察一些宝宝，就会发现，他们中的一部分会在受到惊吓的第一时间傻在那里，然后才会出现情绪反应。

第四，装死。很多动物在应对危险时，都会出现这样的反应，有些人也会。当然，这里说的装死并不是有意识的，而是一种机体反应。晕倒即是这种装死反应的表现之一。

这些反应只是人类遇到危险时，本能地保护自己的方式，接下来就会有情绪反应了。豆子因为摔下床，产生恐惧情绪，所以当再次把豆子放小床上让他自己睡时，豆子不愿意了，他就要哭。他这是在保护自己，提出自己的需要。

◇ **处理宝宝情绪的三个误区**

1. 忽略宝宝的情绪。

很多妈妈能理解宝宝的情绪，也知道宝宝为什么产生焦虑感。但是，有些妈妈在急于满足自己的需要或者处理某些事情时，会忽略宝宝的情绪。其实，在宝宝心中，危机并没有过去，不处理宝宝的情绪，不陪伴宝宝重建安全感，会让宝宝体验到更强烈的恐惧，他们甚至会将恐惧泛化到一切事物上。有些宝宝只有在妈妈抱着时才安心，对外界的一切都害怕，实际上就是因为，宝宝的创伤没有被重视。

人们会慢慢淡化一般的危机感受，很小的婴儿也有这个能力。但假如没有意识到淡化宝宝的危机感受需要时间，一味地以为宝宝会忘记危险，那就大错特错了。宝宝摔下来不可怕，但没有帮宝宝处理情绪和危机感受是很糟糕的。

豆子从床上摔下来后，希望我和豆妈能陪在他身边。在我和豆妈的安抚下，两个月后，豆子又可以自己睡小床了。

2. 过度保护。

有一些妈妈会因为爱宝宝，在遇到类似的危险情况后，直接放弃让宝宝一个人睡小床，这也是不可取的。

心理学中有个词，叫继发性获益。怎么解释呢？比如，一个小孩希望获得照顾，但他身边的大人忽略了这样的需求。他发现生病可以帮他获得一直想要的东西后，就可能在心理不满足或者有压力的时候生病。当然，这是无意识的。

许多人患上偏头痛等疾病的原因往往包含心理因素。成年人的世界里有太多有意识或无意识的获益方式。假如我们在豆子感到恐惧时，过度保护豆子，那么他就可能会形成这样的心理。他会很胆小，很喜欢依赖，而且很自卑。

挫折使人成长。是的，但挫折被处理后，人才能成长。许多宝宝在很小的时候经历的挫折没有被处理，这可能会让宝宝心理发育受阻。

3. 推卸责任。

一些走路还不稳的宝宝摔倒时，爷爷奶奶或外公外婆会赶紧跑过去，在地上跺两脚，说地不好，害宝宝摔倒了。宝宝在这样的安慰中不哭了，笑了，但宝宝也在亲人的言行中学会了推卸责任。很多老人现在还用这样的方式照顾宝宝。

遇到这样的情况时，大人可以蹲下来，安慰宝宝，并告诉他，摔倒是因为不小心，下次小心些就好了。

摔倒、磕碰是成长中必然要遇到的。宝宝在安全的陪伴下，不断尝试，会给宝宝的成长带来经验，也会让宝宝更好地适应环境。

豆子摔倒了，很害怕，但有人支持他、爱他，他的恐惧就渐渐淡化了。这在他幼小的心灵中成了一次处理危机的经验。

第三章　心理分化期开始：

让宝宝有自我满足的能力，形成独立的人格

（6~10个月）

宝宝可以坐着玩了，视力发育了，感觉也更丰富了，宝宝发现，原来世界很大呢。他分得清家里人和陌生人，于是，他见到陌生人就哭，这意味着，宝宝已经开始自我分化。

　　宝宝已经明白，妈妈是妈妈，宝宝是宝宝，虽然他还不会说"我"，但已经会照镜子，会跟妈妈捉迷藏，在他心中，已经有客体的概念。在这个阶段中，要逐渐让孩子有自我满足的能力，否则他将来容易依赖于人，无法形成独立的人格。

3.1　认生了
——认生是宝宝的自我保护机制

豆妈记录：豆子认生了 ／ 6个月

一直以来，豆子和所有人都相处很和谐。豆子从出生以来，已经接待了来看望他的社会各界人士，被各位叔叔阿姨、大伯大婶抱来抱去时，一直很配合，并以笑脸回馈大家。来宾们一致称赞："这个宝宝乖，不认生。"但也有警惕性高的阿婆提醒我们："得当心哪，哪天让拐小孩的抱走了，也不哭，那不出大事了。"听得我们心里一阵紧张，凡事当真都有两面啊。

近日，情形变了。遇到的婆婆、阿姨、叔叔、大爷跟豆子热情地打招呼时，他有时很淡定，不吭声，没表情，这算好的；可有些时候，豆子瞅人家一眼，眉头一皱，我就知道要坏事，果然，接下来他就开始瘪嘴，继而咿咿呀呀哭起来，这会让跟他打招呼的大人很不自在，好像他们把他逗哭了一样。虽然每逢路遇友人，我就在旁边暗自发功，小声念叨："小豆子笑，小豆子笑！"但是，豆子每次都无视我的暗示，依然做他自己。我承认，我这么做是出于做母亲的虚荣，想得到路人甲、乙、丙、丁的称赞，而小豆子没有满足我这个不合理的心愿。

豆子碰到合自己眼缘的人或者心情好时才会咧嘴笑，他很真实。

据我多次观察，豆子对戴眼镜的男人比较感兴趣，会目不转睛地盯着他们看，且目光深邃，呈思考状。今天豆子外婆带着豆子散步时遇到了同事和她老公，外婆同事的老公是位戴眼镜的爷爷。这位爷爷站在一旁等外婆和他夫人闲聊，豆子就坐在他的小车里一直研究人家，看得戴眼镜的爷爷都不好意思了。这位爷爷跟豆子分别，说"豆子拜拜"时，豆子还在小车里扭过身子目送人家离去。不知道豆子的这个独特喜好跟他爸爸戴眼镜有没有关系。

由于最近我带着豆子住在老家，豆子认生的对象多是外婆外公的同事、朋友，所以外婆很不好意思，盼望豆子搞"微笑外交"，做个有礼节的宝宝。每当豆子无情拒绝友人的拥抱，甚至泪洒街头时，外婆就不无遗憾地说："怎么越长越回去了呢，小时候都不认生，现在还不如以前啦。"

我略一思考，喜道："对啊，认生才对了嘛，豆子又成熟一点啦，以前豆子拿谁都不当外人，现在知道分里外啦，嘿嘿，这样就不怕被骗子拐跑了嘛！"

心理师爸爸的分析：开始分化

宝宝的知觉发展，感受到与母亲的分离，开始产生陌生人焦虑。当他开始探索这个世界，并且发现世界的一切远非

通过嘴巴和手指就能触及时，他就会明白：原来这个世界上
还有我以外的东西和人。

◇ **认生是一种自我保护机制，意味着开始分化**

豆子认生，恰恰是豆子有自我意识的开始。

豆子刚出生时，他的内心世界和其他人是一体的，也就是说，
在豆子的心里"你就是我""我就是你"，这是未分化状态。认生，
说明他幼小的心灵开始分化，把人和事物分成两种：安全的客体和
不安全的客体。

有一些婴儿只能由一个人抱，认生现象特别严重。这是因为他
们感觉到了许多外界的不安全因素，所以格外敏感。还有一些婴儿
可以让任何人抱，甚至几个月大的时候还是没有分清楚谁是安全的，
谁是与自己亲密的，这或许也是一种麻烦，因为他们还没有意识到
一些事物是危险的。

人的内心有自我保护机制。这样的机制是天生的，或者说早就
存在于人的无意识里。当宝宝的认知逐渐发展，认识到事物的安全
性与危险性时，这种自我保护机制就会产生作用。

宝宝会用心观察这个世界，心里体会到什么，他就表达出什
么，不会按照任何的规则，或者所谓道德、伦理规范等表达自己。
道德意识和伦理意识都要在宝宝 3 岁后，慢慢地形成。不过，这
可能会给大人带来一些尴尬。是的，一个人爱不爱孩子，其实看
宝宝在他面前的反应就可以看出来了。从这个角度来看，宝宝是
很多成年人内心的镜子。

◇ **有没有分化好影响日后的亲密关系**

认生的阶段是正常的心理发育阶段。假如没有这样的阶段，或者这个阶段来得太晚，都是问题。

宝宝在完成与妈妈分化的过程中，心理会得到发展，他会从与妈妈融为一体的状态中逐渐分离出来，成为独立的个体。这个过程是漫长的，不过，我们可以从一些具体的行为中看出宝宝在哪个阶段中。比如，认生这个有趣的心理成长标志就是分化的开始。认生在心理学上被称为"陌生人焦虑"，这显示出宝宝已经能从感知觉上把妈妈和其他人区分开。随着宝宝身体的发育，视觉、听觉、触觉的发展，宝宝逐渐认清妈妈的样子，熟悉妈妈的声音和气味。在宝宝的心里，妈妈是令自己感到最安全的人，所以当其他人靠近，宝宝发现这个人不是妈妈时，便焦虑起来。可以说，感知觉的发展，使宝宝体验到与妈妈分离。

看到这里，你可能会问，认生不正是说明宝宝非常依赖妈妈，不愿和妈妈分开吗？怎么能说这是分化的标志呢？恰恰是因为宝宝把妈妈当成一个独立的人，只依赖于这个人，才会排斥其他人。认生意味着宝宝已经明白，妈妈是妈妈，宝宝是宝宝，两者是各自独立的。如果宝宝的心理状态还停留在刚出生时，还认为自己与妈妈是一体的，就不会焦虑了。

我们知道，成长总是循序渐进的，每个人在成长的过程中完成了一个阶段的任务才会进入到下一个阶段。我们要先学会走，才能开始跑和跳。心理上的成长也是如此，如果宝宝在某个成长阶段出现了问题，那么他的心理发育就会发生阻滞，也就是说他的心理会停留在这个阶段，无法顺利过渡到下一个阶段。这会导致其成年后的行为方式还像个小孩子。

一些孩子没有很好地完成分化，他们不知道怎么分"你""我"，或者与他人的关系太遥远，总之，心理停留在婴儿阶段使他们在长大后无法像成年人那样处理关系。

马丁·布伯有个经典的关系介绍：亲密关系是我和你，而非我和"他（她）"。这句话中的"他（她）"并非真人，而是一个想象中的人——我期待中的那个人。从心理学意义上说，世界上的人都可以分为两种：我（自体）和你（客体）。分得清"你""我"的人就能在尊重个体的基础上，与他人建立亲密关系，并且将这样的亲密关系维持下去。反之，则不行。因此，马丁·布伯这句话的意思是，很多人是基于自己内心的"他（她）"的影像建立关系的，忽略了真实存在的那个人。这就是为什么很多妻子都想改造丈夫，妈妈总想改造自己的孩子。因为她们在和自己内心的人建立关系，而不是和眼前的丈夫或孩子建立关系，在这样的心理状态中建立起来的关系当然是失败的关系。

分化不好，常常是由于被过度保护或忽略造成的。

◇ **适度照顾，陪伴宝宝走过分化阶段**

既然分化如此重要，那么，怎样才能帮助宝宝顺利完成分化的过程呢？

有一些妈妈过度保护自己的宝宝，不让宝宝接触其他人。这样会导致宝宝在心理发展过程中，认为只有妈妈是安全的，其他人都是不安全的。这样的妈妈往往是很焦虑的，宝宝也自然会受到影响。

有一个女孩 4 岁了，依然整天黏着妈妈。她去外面玩时，必须让妈妈抱着，别人和她说话，她马上就躲到妈妈身边，甚至大哭，这让妈妈很着急。这个女孩的表现很像分化开始阶段宝宝的反应，她出现了心理发育停滞的现象。

看看这位妈妈带孩子的方式，我们就不难理解这个孩子为什么会这样了。这位妈妈得过产后抑郁症，但持续时间不是很长。在女孩出生后的一年半里，妈妈几乎没有让任何人接触过她，也总是不放心让别人抱她，怕别人把她摔坏。在那一年多的时间里，妈妈几乎就不出门，每天抱着她在房间里。如果有人来探望，妈妈也只是让他们看她一下，就又关起房门，待在自己的房间里。当然，这样的情况在女孩出生一年半后有所好转，但女孩做任何事情，妈妈都会很焦虑。在女孩的世界里，几乎就只有妈妈。

过度保护，会让孩子无法完成分化，会使孩子和妈妈无法分离。如果能让孩子感觉安全的人只有妈妈，那么对孩子来说，其他的情景和人就都是不安全的。孩子只有在与其他人的互动中感受到"哦，原来别人也是爱我的，也是安全的"，才可能愿意和妈妈以外的其他人建立关系。孩子的内心感到安全，才愿意发展更多的安全空间。

认生阶段是宝宝必经的。认生，说明宝宝开始独立。这个时候，妈妈可以做的就是陪伴在他们身旁，鼓励他们探索外面的世界，在宝宝需要的时候伸出双臂，给予宝宝及时的安慰。宝宝对妈妈产生安全型依恋后，是可以接受与妈妈以外的他人短暂互动的。在妈妈的陪伴下，宝宝逐渐接触更多的人，会让他们走向更广阔的世界，最终能够顺利完成与妈妈的分化。

宝宝的心理成长是呈螺旋式上升的，豆子的认生现象只持续了半个多月，后来他又不认生了，只要妈妈或者家人在旁边，豆子也不介意让外人抱抱。呵呵，安全型依恋的宝宝。

3.2　高兴时叫"ba"，郁闷时叫"mm，ma"

——稳定的照料给宝宝的一生带来稳定的感觉

豆妈记录：高兴的时候叫"ba"，郁闷的时候叫"mm，ma"　／ 7个月

　　新手父母都盼着宝宝叫自己"妈妈""爸爸"吧，不过，我们也不着急，怎么也得等到八九个月不是？据豆子外婆说，我当年算早慧的，但也9个月大才叫"爸爸"。豆子随他爹，从目前看来，豆子在各方面都属于大器晚成型，似乎发育得比同龄的孩子慢一些。我估计，这个开口叫爸妈的事，起码在10个月以后。

　　然而，古语云："有心栽花花不开，无心插柳柳成荫。"大约1个月前，豆子清晰地叫："mm……ma……"我当时有些眼晕，产生了一种强烈的不现实感，心里想着："不至于吧？才6个月。"我疑惑地回过头，寻求豆子外婆的证实，豆子外婆点点头。我们当场商讨了一下，认为这是无意识的发音。豆子在学习发音，目前这个阶段，他不再像之前一样只会"啊""哦"地叫，而是开始发带声母的音节的音了。

我依然认为豆子那次叫"ma"应当属偶发事件。不曾想，接下来几天，豆子每天都会发几次这样的音，虽然不是很清晰，但基本能听出他在说"ma"和"ba"。更神奇的是，豆子的发音是有规律的。有几次豆子玩得很兴奋，张口就叫"ba、ba！ber、ber、ber"。豆子发音清脆、简短，他用这样的发音表达高兴的心情。那他什么时候叫妈呢？答案让我有点小失落——豆子郁闷的时候才叫"mm——ma——"，尾音较长，拖声吊气。豆子一个人委实无聊，非常想要人抱着时，就叫"mm——ma——"；极饿时，会哭着喊"ma……"，声音清晰无比。

古语又云："夫天者，人之始也；父母者，人之本也。人穷则反本，故劳苦倦极，未尝不呼天也；疾痛惨怛，未尝不呼父母也。"人性啊，万年流长，即便是21世纪出生的豆子同古人又有什么区别呢？若有，就是他感到苦的时候只叫妈，解放了他爸。

说起来，豆子很功利，小小年纪就会分别对待不同的人。我心里有点失衡，凭什么高兴的时候不叫妈呢？

事情还在进一步发展。最近，豆子随我回了老家，暂住豆子的外公外婆家。家里的常驻人员变成了豆子外公、豆子外婆、我和豆子。

某日，豆子外公从西昌旅游回来，推开房门时，豆子正趴在地上自娱自乐。豆子听见动静，一抬头，看见外公，顿时憨笑。

现在全家人当中，让豆子吃定的就是外公，原因大概就是不管豆子要什么，外公都无条件满足他，听不得他哼哼，更听不得他大哭。

在豆子的心里，我们几个人的分量不同，作用是不一样的。他饿时，就朝外婆咿咿呀呀，因为外婆负责他一日N餐的烹调，菠菜猪肝稀饭、南瓜小米粥、清蒸银鳕鱼……吃得豆子肚滚腰圆；豆子想娱乐时就找我，因为我总是陪他玩，和他坐在一起翻书，声情并茂地给他讲故事。外婆和我都有事做时，就把豆子放在他的伞车里，让他自己待着。豆子很无奈，但只能接受，他在小车里无所事事，以四下张望打发时间。一旦发现外公走过，豆子就赶紧"吱吱哇哇"打招呼，因为他心里门儿清，只有外公会救他。

所以现在的情况是，外婆和我在豆子面前走来走去都可以，唯独外公不行，他一定要让把他抱起来才行。外公说："嘿，你就把我吃定了！"

老话不是说了吗，小孩儿可都精着呢，像猴儿变的，猴儿精。

心理师爸爸的分析：宝宝需要稳定的照料

> 宝宝学会了向不同的人要不同的东西。这是宝宝在成长的过程中出现的条件反射行为，最基本的二元关系在宝宝心中开始有了雏形。此时，稳定的照料者、照料者稳定的性格表现以及家人之间的和谐关系，对宝宝来说都很重要。

◇ 他只是在寻求满足

豆子的成长总是可以给家人带来非常多的欢乐，但也会带来很多的焦虑感。这也许就是自然规律，任何事情都有积极的一面，也有消极的一面，消极的一面总让人不愿意接受，人都是趋利避害的，这是天性。

我们总是追求快乐，总是希望永远不要感受到痛苦和失落。然而，大人们常会在宝宝的成长中感到受挫和无力，对于控制欲望很强的照料者来说，尤其如此。在一些家庭中，宝宝先叫爸爸还是妈妈，会让爸爸妈妈有不同的体验。这完全是大人之间的竞争，宝宝先叫爸爸和先叫妈妈的区别不在宝宝身上，在大人们心里。

豆子目前的行为中有些是有意识行为，有些是无意识行为。从行为心理学的角度来看，豆子的很多表现都是条件反射式的，没有通过意识的思考，当然也用不到任何逻辑。妈妈带给豆子的体验是：在我饿的时候，她提供食物；在我郁闷的时候，她给予温暖的怀抱；在我感到恐惧的时候，她提供保护，在这个过程中，豆子听到那个人的称呼叫"妈妈"，所以豆子一饿，就会叫"妈妈"。

从这一点来说，情绪和体验直接影响到豆子嘴上和行为上的表达。豆子见到不同的人有不同的言行，也就不难理解了。由于内投，这些外在影像直接影响到豆子的内在影像。通过建立稳定的、持续的互动，豆子的内心慢慢出现了每个人的固定影像，也就会表现出相应的情感。

这是一个强化的过程。假如豆妈给豆子的体验是矛盾的，甚至是对立的，那会怎样呢？那样，豆子也就会很矛盾，成为一个内心不稳定、喜怒无常的人。**照料者的反应就是宝宝性格的起点。**

◇ 妈妈的表现要稳定

爱会让人有什么体验呢？被满足的体验。恨会让人有什么体验呢？那就是不被满足的挫折体验。更准确地说，恨的来源是无力感。因为无力，所以愤怒。任何一位妈妈都不可能做到总是及时地、完全地满足自己的宝宝，这时候宝宝的内心体验会分成两种：满足的和挫折的。而这两种体验分别对应孩子心中的好妈妈形象和坏妈妈形象。

　　宝宝6~12个月大时，会处于分裂的世界中，在他们眼中，妈妈分为好妈妈和坏妈妈。宝宝认为能满足自己的就是好妈妈，如果宝宝在有需要的时候没有立即得到满足，就会认为妈妈是坏妈妈。处在这一时期的宝宝非常敏感，如果他们的妈妈是坏妈妈，他们一定会发现，因为他们要应对不安全的感觉。有些妈妈说："我的孩子6个月以后，醒来时经常咬我、抓我，这是为什么？"这是宝宝攻击坏妈妈的一种方式，他们通过攻击来告诉妈妈"你让我不舒服了"，希望妈妈可以改变对待他们的方式，变成好妈妈。坏妈妈和好妈妈在6~12个月的孩子心里一定是存在的。有的妈妈在遇到婴儿攻击时会说："我是一个好妈妈，对孩子尽心尽力，怎么会是一个坏妈妈呢？"

　　这是因为在宝宝心中，妈妈的表现是不稳定的。对好妈妈，宝宝自然是爱的；对坏妈妈，宝宝自然是恨的。但无奈妈妈只有一个，那么如何不让宝宝处于矛盾中呢？如果妈妈的表现是稳定的，即宝宝饿了时，能提供食物；拒绝满足宝宝的一些要求时，给予宝宝安慰和拥抱，宝宝就会在成长中慢慢地知道，哦，原来妈妈就是这样的。宝宝的内心开始将两个妈妈的形象整合到一个妈妈身上，虽然这个过程是很漫长的。

　　很多妈妈的形象在孩子的心中是分裂的，宝宝高兴的时候，妈妈很开心，把宝宝当心肝；一旦宝宝不舒服，或者因为对妈妈未能提供满足而感到失望或愤怒而哭泣时，妈妈自然就认为宝宝不听话，开始冷落宝宝或者对宝宝产生攻击性的行为。宝宝关于好妈妈和坏妈妈的体验被证实了，就会产生一方面更依赖妈妈以免失去妈妈的爱、另一方面又怨恨妈妈的情绪，内心充满矛盾。

有的妈妈在宝宝闹得厉害，实在没办法时，甚至会把宝宝扔在一边，不管不顾。这对宝宝来说是"灭顶之灾"，他们的情感会受到很深的伤害，对妈妈的情感会固定在矛盾中。

焦虑的妈妈会带出焦虑的宝宝。对于性格形成阶段的宝宝来说，重要照料者性格稳定至关重要，这是关键性格形成的稳定根基。

另外，照料者总是变化，也会给宝宝带来一些不适应感和不安全感。如今，很多家庭的宝宝，年幼时时而由爷爷奶奶照料，时而由外公外婆照料，还有一些家庭频频更换保姆，这些都是不可取的。

我一直主张妈妈带宝宝要带到宝宝3岁，假如条件有限，也尽量要带到宝宝两岁，因为宝宝与妈妈之间关系的稳定，可以给宝宝的一生带去稳定的感觉。宝宝的生命初期，特别是3岁以前，是性格形成的基础期。如果把宝宝的性格形容为大厦的话，那么3岁以前就是打基础和做框架的时候；宝宝到了3岁，性格结构基本形成后，就要开始进行性格大厦的装修工作了。如果一座大厦的基础和框架出了问题，即便将其装修得华丽，也是危险的。

心理健康状态可以按程度分为4个等级：健康状态（完全意义上的健康状态是不存在的）、亚健康状态（表现为偶尔有情绪问题）、心理障碍状态（患有焦虑症、抑郁症等）、精神疾病状态（患有精神分裂症等精神疾病）。而性格结构出现问题就可能导致人的心理健康状态处在后3个等级上。

◇ **家庭的结构要稳定**

豆子很皮实，他因为焦虑而哭的时候不多，快乐的时候很多，这是因为豆子成长在一个充满爱的家庭中，没有过多的创伤体验和恐惧体验。他的重要照料者相对稳定，这对他的性格形成是有利的，当然他的性格也与他的基因有关。

大人们有时候会疑惑宝宝这么小，为什么还会在不同的情形下找不同的人，其实这和我们吃饭时找饭馆，娱乐时找 KTV，生病时找医院是一样的。所以，大人们不要以己度人地过度理解宝宝的行为。在一些家庭中，宝宝面对不同人的不同表现会引发一些家庭问题，其实这样的家庭原本就是"生病"的家庭。也就是说，这类家庭的家庭结构和家庭成员功能原本就存在问题，冲突的根源并不是年幼的孩子。遗憾的是，很多家庭会拿孩子说事。这类家庭中的大人们要好好检讨，从本质上解决家庭问题，不然，家庭中的隐藏问题，一定会体现在孩子的身心上。

有一种心理治疗方式叫"家庭治疗"。家庭治疗的理论基础是：某个家庭成员的心理问题一定与其家庭结构、家庭成员的功能有关。孩子出现心理问题时尤其要从分析家庭问题着手。要解决孩子的问题，就要重新调整家庭结构以及家庭成员之间的关系，让家庭中所有人在自己的角色上行使自己的权利、履行自己的义务，让家庭中每个成员的功都能得以发挥。这样，孩子的心理问题也就会得到相应改善。

不管是妈妈爸爸，还是爷爷奶奶、外公外婆，所有宝宝的重要照料者之间的关系都会直接影响宝宝内心的和谐程度。比如许多家庭中婆媳冲突不断，实在令人忧虑。要消弭家庭成员之间的冲突，最重要的是要明白：想让别人怎么对待自己，就要怎么对待别人。很多人都懂这句话，却经常在冲动中忘记它。

3.3 断奶的日子
——妈妈和宝宝都"失恋"了

豆妈记录：断奶了，不适应的不仅是豆子 ／ 7个半月

我听说过各种各样版本的断奶故事，真是家家有本断奶的经。

终于轮到我们家了，我已经犹豫了一个多月，迟迟下不了决心。

"天下没有不散的宴席"，母乳这顿盛宴也总有结束的一天，即便它贵比黄金，可金矿总有开采完的时候。有的专家说，宝宝出生的头6个月里，母乳能够给宝宝提供足够的营养，加强宝宝的免疫力，然而随着宝宝慢慢长大，母乳将不再能满足宝宝的所有营养需要。所以，断奶，是为了让宝宝获得更丰富的营养，成长得更好。这话听起来怎么像"放手，是给他更好的爱"。

我明白这样的道理，可是依然一直在犹豫，一直处于矛盾中。我想来想去，从开始考虑给豆子断奶，到下定决心行动，我拖啊拖，左右逃不过3个字："舍不得"。

我舍不得饿着豆子。倒不是说断奶的时候他一定会挨饿，而是

不确定这个时候就给豆子断奶好不好，我第一回当妈，还没有这样的经验，很多传说都说宝宝要痛苦一段时间，会不习惯奶粉，会执拗地找妈妈要奶，要不着奶还要号哭……

我舍不得让豆子找不着妈，舍不得让豆子的小心灵受打击。光是预想一下豆子号哭的场面，我就很受不了。真到了那样的时候，他该多失望啊，会不会对我产生不好的印象呢？

我舍不得割断和豆子之间最亲密的联系。作为妈妈，哺乳是最令我感到享受的时刻，豆子在我怀里安逸地吮吸乳汁时，我和他仿佛再次融为一体，亲密无间，那么温暖，那么甜蜜，那是只属于我和他的时空，谁也无法插入。这是一个妈妈的私心。我只要想想这种联系要被打破，就觉得有些伤感。

但我知道，无论我多么舍不得，多么不愿意，分离都是我和豆子必须经历的过程。我从豆子才3个多月的时候就开始了解断奶的问题，更确切地说，我早就为这个问题感到焦虑。仿佛我做心理准备的时间长一些就可以缓解自己的失落情绪。

在豆子7个月时，我给豆子断奶攒了足够多的理由和条件：我要开始做事啦；我们回到了豆子外婆家，豆子的外公外婆可以在我给豆子断奶期间搭把手；给豆子做儿童保健，验血常规时，发现豆子已经开始贫血了，缺铁……

为了柔和地断奶，我们做了一些铺垫和过渡性的工作。比如把母乳挤出来存放在奶瓶里，再用奶瓶喂豆子母乳；每天喂豆子一顿奶粉；给他做点思想工作……很幸运的是，我们家豆子是个来者不拒的饮食乐天派，一点也不挑食，胃口好，态度好，除了刚开始用奶瓶的两天有一点犹豫，每次喝奶都要多给他几次奶瓶，他才肯接受以外，基本上再没有出现让人担心的情况。有些宝宝非常排斥奶嘴、拒绝喝奶粉、撕心裂肺地找妈妈，但我们给豆子断奶的进程几乎没遭遇来自豆子的阻力，豆子真是个小乖乖。

然而，给豆子断奶也不是完全一帆风顺的，状况出在晚上。断奶以前，豆子都是跟我一起睡的，每天晚上要喝1 ~ 2次奶。母乳喂养期间，豆子睡在我旁边是比较方便的，可现在不行了。我们怕他晚上找我要奶，所以暂时决定由外婆带他睡。刚开始的一个星期，豆子总是睡不踏实，夜里很容易醒，外婆一翻身，豆子就醒；有一点小动静，豆子也会醒。豆子醒了以后，也不像以前那样喝完奶就睡了，而是抽抽搭搭好一会儿后才能睡着。外婆每天晚上也睡不好。由于晚上没睡好，豆子白天的情绪也明显受了些影响。豆子以前是个很容易兴奋的小胖子，最近几天好像沉默的时候多了，见生人时，总是一副撇着嘴要哭的样子。唉，有点心疼啊。

我自己呢，就比较痛苦了，生理上和心理上都不爽。

以前一直让我骄傲的产奶量现在成为负担，反过来羡慕人家奶少的了，人家不喂奶自然就没奶了，不用受什么罪，我就不行，得喝回奶中药（用麦芽和山楂熬成的）。喝两服不行，得喝4服以上，喝了药就不能挤奶，乳房涨得像巨石一样，压在我的胸口，痛得要命，没经历过的人根本无法想象人体的一部分怎么会像石头一样硬，这种形容一点也不夸张！有几次，乳房涨得我实在受不了了，就只好用吸奶器把奶挤出来，乖乖，我最多一次挤了400毫升，这足以让奶牛惊叹了。神奇的人体啊，简直可以跟奶牛抢工作了！但是，奉劝给宝宝断奶的妈妈们别这么干。挤空奶水，就意味着一天的忍耐都功亏一篑了。要想缓解一下，挤出来一点点就好。

我足足熬了两个星期，时挤时忍，好不容易才回奶了。这还只是生理上的不爽。

更郁闷的是心理上的不爽。看着豆子日趋熟练地把玩、吮吸奶瓶，现在已经可以很拽地单手拿着奶瓶喝奶，我心里有点失落。每天洗澡时，我都忍不住顾乳自怜，暗自伤感：唉，用不上咯，美好的哺乳时光一去不复返……

我明显地发现，给豆子断奶后，我更喜欢抱豆子了。我喜欢把他紧紧地抱在怀里，享受他小小的身体里散发出的乳香和暖意。

无论如何，断奶期基本结束了，一切安好，亲爱的豆子脸上又出现了乐呵呵的笑容，我依然有点眷恋曾经的美好。宝贝，妈妈和你一起在分离中成长。

心理师爸爸的分析：断奶了，妈妈和宝宝都"失恋"了

断奶是宝宝生理和心理上的一个重要发展过程，如何平稳地度过断奶期呢？断奶期的宝宝就像失恋的人一样。用强硬的方式断奶，只会给宝宝带去强烈的挫折感。妈妈陪伴着宝宝，节制自己的行为，用语言和身体接触给宝宝安慰，能帮助宝宝更好地度过断奶期。

◇ 断奶让宝宝和妈妈都痛苦

对于豆妈和豆子来说，断奶都是很痛苦的。从生理的角度上说，涨奶让豆妈很痛苦。从心理的角度上说，豆妈和豆子的体验几乎是一致的。

断奶就像一个仪式，是豆子和豆妈分离的过程之一。豆子在生

命初期吸吮妈妈乳头的时候，获得的不仅是食物，更是满足的体验。这样的体验中既有生理满足也有心理满足。现在，要硬生生地剥夺这样的美好体验，对豆子来说是很痛苦的。

对于豆妈而言，豆子吸吮自己的乳头，带来的也是身心的满足体验。很多妈妈不愿意承认一个客观存在的事实——被自己的宝宝吸吮乳头，可以感受到快感。这是生理上的满足。心理上的满足是因为给予爱，妈妈们将爱给予孩子时，自己会非常满足。给予爱和被爱都是幸福的。妈妈喂奶，其实就是给予爱的体现。

同时，妈妈在用自己的身体喂养宝宝时，会感觉到自己很伟大，这满足了妈妈自我实现的需要。很多女性喜欢做妈妈，在很大程度上是为了借此满足女性内在的成就感。

◇ 断奶的时间和方法有讲究

什么时候断奶比较好呢？有很多种说法。单从心理发展的角度看，宝宝7个月到18个月之间断奶都可以。宝宝需要经历与妈妈分离的过程，母乳喂养的时间过长将阻碍这个过程，导致宝宝的心理发育固着在婴儿时期，难以使其成为独立的个体。

给宝宝断奶的方法很重要。我出生在农村，农村妇女给宝宝断奶的方法有很多，我听过用辣椒涂乳头给宝宝断奶的方法。我认为那是世界上最残酷的方法之一，对宝宝的伤害不亚于酷刑。还有一种方法是不让宝宝见到妈妈，这也可以算是一种酷刑。

为什么这样说呢？

第一种方法会直接摧毁宝宝对妈妈的体验。成年人都接受不了冰火两重天，何况一个很幼小的宝宝呢？我们在前面提到，妈妈给宝宝的体验直接影响妈妈在宝宝心中的影像，他们会根据自己心中的影像选择行为。妈妈带给宝宝的体验本来是被爱和满足，如果在忽然之间变成了痛苦，孩子会觉得，这个世界怎么回事儿啊？假如一个朋友一直对你很好，经常和你谈心，关注你。忽然有一天他欺骗你，并且对你拳打脚踢，你受得了吗？被最爱的人欺骗和伤害是人生中最痛苦的事情之一了。让宝宝承受这样的痛苦，你忍心吗？

第二种方法会直接摧毁宝宝对爱和依恋关系的体验。宝宝吃不到母乳时很焦虑，想要得到妈妈的保护，可这时妈妈竟然不见了，这是不是会给宝宝带来心理创伤呢？对宝宝来说，这就是屋漏偏逢连夜雨，雪上又加霜。

◇ 有节制地度过断奶期

怎样给宝宝断奶对宝宝的影响最小呢？这就需要妈妈节制了。要用奶瓶或其他合适的替代品喂宝宝。宝宝焦虑时，妈妈要用轻柔的语言安慰宝宝，用抚摩宝宝身体的方式来缓解宝宝的焦虑感。不过，这样做真的很难，因为妈妈也不想失去与宝宝亲密的体验，而且涨奶很痛苦，做个好妈妈不容易，有节制是成为好妈妈的重要标准之一。当然，如果一个成年人不懂得节制，就说明这个人心中一定有一些没有被消除的障碍。我们都知道，冲动的人很幼稚。其实，一个人如果会在某些时候冲动就是他在某些情境中没有节制的能力。

豆妈在给豆子断奶期间，让豆子跟着外婆睡，显然是为了克服自己的内心挣扎，采取了回避的方式。当然，外婆这个替代性客体的存在对豆子来说还算好。更好的方式是，豆妈能够陪伴在豆子身边，用奶瓶满足豆子的生理需要。在这个过程中，感受到些许哀伤是不可避免的，分离就会有哀伤，事实上，断奶是豆子与豆妈新关系的开始。

其实，在分离时没有哀伤会比较麻烦。宝宝在听到妈妈说"宝宝再见"时，没有任何反应，也没有哀伤情绪，是患有自闭症的典型表现。当然，这只是一些自闭症宝宝的表现，不能以此作为诊断宝宝是否有自闭症的唯一依据。妈妈们可不要随便给宝宝诊断哦！

在了解断奶期宝宝的心理过程后，希望妈妈们可以更体贴地帮助宝宝度过断奶期。

3.4 亲历智力评估
——不要用孩子为父母的人生加分

豆妈记录：豆子做了智力评估 ／ 9 个月

今天是忙碌且忐忑的一天。

豆子满 9 个月了，离上次做儿童保健已经两个月，我们决定带豆子去医院体检一下。我们选择了规模大、权威性高、医生经验丰富的省妇幼保健院。就是在那里，我们经受了心灵的考验。

医生先给豆子测量了体重、身高、头围等。豆子的头围有 48 厘米！这意味着什么呢？豆子的脑袋比有些同年龄段体重超标的宝宝还大。通过检查，医生发现豆子的囟门还很宽，闭合情况不好。医生说："保险起见，你们还是去做个智力评估吧，排除一下脑水肿。"天哪，听起来怎么这么吓人？我迅速回忆了一下豆子的种种行为指征，先让自己明确了我儿子的智力是正常的，智力评估只是为了排除意外状况。是啊，囟门老不闭合，还出现微微内陷总不是个事儿啊。医生开完单子已经中午，他让我们下午再来做评估。

中午，我们回豆子太外婆家稍事休息。路上，我和豆子外婆漫不经心地聊天，说这些评估怎么可能准确，一点点儿大的小孩儿懂什么，精神状态好点，分就高点，不配合的话，难道还要被测成弱智？我虽这样说，但心里很清楚，那些智力评估方式在拿到医院用之前都经过了很严密的实验，实验人员会通过统计处理大量标准化样本建立具有参照点和单位的参照标准，也就是常模，保证评估的效度和信度。他们会在建立常模时考虑到参与测试的孩子的年龄特征、情绪状态等会影响评估结果的因素。换句话说，这类智力评估是比较科学的。不过我还是跟豆子外婆有一搭没一搭地诋毁智力评估，她说，那个测评肯定不会很准，我们也就是想看看到底是怎么评估的。

下午在去医院的路上，豆子被颠睡着了，我心里隐隐高兴，盼着他睡久一点，睡饱一点，醒来后能精神抖擞、乐乐呵呵地去做评估。

午后两点，医生开始上班了，可豆子还没睡醒，我们就在医院的走廊里抱着他，等他睡醒。两点半时，豆子醒了，我说："豆子牛得很，9个月大就要去考试了，走，考试去咯！"

透过评估室的玻璃，我们看见里面有一个正在做评估的小孩，那个小孩看起来比豆子小一点。医生的旁边放着一盒子乱七八糟的道具，他把那些道具一样一样地拿出来，试图让那个孩子做出反应。看到这里，我就想，豆子到时候别不理会医生啊，要像这个小孩儿一样，见什么拿什么。

轮到豆子了，医生把他放到床上，他很配合地躺着，很放松的样子。医生拿起豆子的两只手，帮他做操，喊"一二三四，二二三四"，这是豆子常玩的项目，他咧嘴笑起来，我心里也跟着高兴，仿佛明确了他跟其他人交流的能力很好。

医生把他翻过来，让他俯卧，并且在他的前方放了一个很花哨的塑料球，让他爬过去拿。豆子不爬，医生就用手抵住他的胖脚板，给他向前爬的力量。臭豆子很懒，仍然不爬，医生质疑他的腿部力量了，说好像有点软。于是，他叫来年纪大一些的老师看。老师过来捏了两把，说没问题。我心想，怎么能这样推两下就下结论，豆子这么胖，肯定不爱动的，再说，动不动还得看当时的状态。

接下来，豆子开始面临那箱道具的诱惑。我抱着他坐在一张小圆桌前，医生依次拿出箱子里的小玩意儿，观察豆子的反应。

我记得的评估情境如下：

医生拿出若干块红色方积木，看他能不能主动去抓，据说一手抓一块时还呈现出想抓第 3 块的欲望就很好，能多抓几块更好。而豆子的表现是，抓一块扔一块。我跟医生解释，他在家玩惯了这个，没啥新鲜感了。可我心里也明白，白解释，而且这还是对评估的干扰。

医生拿出一个装有小铃铛的彩色塑料球，小球滚动时会响，医生要看豆子能不能去抓。豆子能。接下来，医生故意把球扔到桌子下面，观察他会不会去找。豆子想从我腿上爬下去捡球。

医生拿出一个杯子和一只小玩具猫。他先把两样东西都呈现给豆子看，然后用杯子扣住小玩具猫。豆子伸手去掀杯子，小玩具猫露出来了。医生再"使坏"，把小玩具猫直接放在杯子里，看豆子怎么办。豆子也不是省油的灯，我无法验证他是对杯子感兴趣还是想拿小玩具猫，反正他一把夺过杯子使劲儿晃，把小玩具猫给晃出来了。

医生还是拿着那个杯子，又拿了一把勺子，假装用勺子从杯子里舀水喝，还把勺子递到豆子嘴边请他喝。然而豆子没被骗，他看出勺子是空的，冷眼看了一下，没张嘴。

医生拿出一叠白纸和几支蜡笔，并用蜡笔在白纸上画线条，企图吸引豆子的视线。热爱撕纸的豆子，不理医生的蜡笔，抓起白纸就撕。丢人，还好医生说撕纸也是好事。

还有一些小项目我不记得了，但我已经写出了大部分。

从总体评分上看，豆子的智力水平处于中等。我明白这个分数仅供参考，豆子若精神状态好，肯定发挥得更好，我也非常清楚，豆子的行动能力、反应能力在同龄孩子中的确是中等的。悲哀的是，我受了十几年应试教育和精英教育的影响，看到中等的分数时，竟然有一丝丝遗憾。我鄙视自己。

豆子，只要你健康、快乐，妈妈就很满意了。至于我的阴暗心理造成的遗憾，我自己会去处理。

心理师爸爸的分析：别用孩子满足自恋

> 望子成龙、望女成凤，是父母对孩子的期望。但父母如果期望过高，就很容易把孩子变成"非人"的工具，变成满足父母"自恋"的工具。

◇ 父母为什么用孩子来满足自恋

在养育孩子的过程中，很多父母因为自己的内在价值不高，无意中会用孩子来提升自我价值。如果身边的人告诉一位妈妈："你的孩子长得真好，很像你哦！"这位妈妈会不会想，这句话究竟是在夸奖孩子，还是在夸奖自己呢？这是一个很有趣的问题，只是答案常常不那样有趣。

假如这位妈妈对这样的夸奖并不是很在意，那她的孩子就是幸福的。假如这位妈妈内心缺乏对自己的肯定，需要被别人认同，就会因为这种夸奖而自我感觉良好，那孩子在某种意义上就已经成为妈妈满足自己自恋心理的工具。所以，会不会把孩子当作满足自己自恋心理的工具，取决于妈妈内心的自我价值。一个成年人喜欢别人夸奖自己本来很正常，但把自我价值与外在评价联系起来，就是自我功能缺失的表现。可以说，这样的成年人往往没有自我。一个缺乏自我或自我不稳定的妈妈，很难养育出有自我、独立自由的孩子。

豆妈在豆子的成长过程中已经非常尽责了。她一直在尝试着做一个好妈妈。豆子先天的能力与遗传基因有关。豆子把评估测试当成了很好玩的事情，豆妈却因为恐惧而产生了心理冲突和担心。豆妈是爱豆子的，残酷的是，在这次做评估测试的过程中豆妈似乎更爱自己。豆妈把自己的挫折感、失落感归因于豆子的中等分数，其实这些感受都是豆妈自己在和别人比较时产生的。怪不得豆妈要鄙视自己，因为当她知道自己的真实想法是什么的时候，自然会对豆子有愧疚感。

可爱的豆子才不管这些，他还没有能力体会豆妈的内心感受。他很宽容，一笑受之。

从豆妈的经历和体会中，我们可以看到很多妈妈的心理。幸好，豆妈是一个学习型妈妈，懂得自我觉察和反省。

◇ 当妈妈利用孩子满足自恋时，她和孩子会失去什么

有这样一句家喻户晓的话：不要让孩子输在起跑线上。许多"奸诈"的广告商利用这句话鞭策妈妈们为孩子们买课程、买学习用品掏腰包，让孩子学这学那。我们得承认，这些商人很懂一些妈妈的心理。很多妈妈一看到别人家的孩子在2岁时会背诵唐诗，而自己的孩子似乎没有这样的能力，就开始用各种各样的方式对孩子威逼利诱，希望孩子能为自己挣面子，可以让自己获得"完美妈妈"的光环。她们完全不顾及孩子是否愿意，赔上自己的金钱、时间、精力，以及孩子原本可以无忧欢笑的童年时光。

一些父母会利用孩子对自己的爱，剥夺孩子的利益。

很多妈妈说："孩子在3岁以前很听话，过了3岁就开始让我很头疼了。"有些妈妈甚至说："宝宝10个月就开始惹我发火了，10个月以前我们相得很好呀。"她们这样说时很自责，认为自己不是好妈妈，自己的孩子不再是好孩子。

每次听到这样的话，我都觉得好笑。不知她们可曾意识到，虽然她们抱怨孩子变"坏"，可事实上孩子并没有变"坏"，只是不再顺从她们，开始有了自我意识而已。孩子的"反叛行为"之所以让她们恼火，就是因为她们无意中把孩子当成"玩具"，希望这个"玩具"能满足自己想做"完美妈妈"的愿望。一旦这个"玩具"不能满足她们的这个愿望，她们就会通过指责和训斥孩子，把错误栽到孩子头上，自己继续充当"完美妈妈"。

我曾经看到一个3岁的孩子，因为打碎了一个碗，而被妈妈打耳光。孩子流着鼻血哀求："妈妈，我再也不敢了。"与其说这样的

119

妈妈是在教育孩子，不如说她是在发泄自己的愤怒。而妈妈的愤怒，源于她发现孩子的表现和自己的期待不一样，不在自己的控制范围内，失控感让她感觉很无力，因此要用武力把控制感再一次拿回来。这样的做法，会给她3岁的孩子带来什么影响？孩子如果经常被这样对待，就会成为一个内心充满愤怒的讨好型孩子。

虽然年幼的宝宝还需要家人的保护、支持、陪伴，但我们要知道每个宝宝都是独立的个体。他们有自己的血肉之躯，也有自己的精神世界。

◇ 好妈妈要学会自我觉察

怎样才能做到不利用孩子来满足自恋？答案是尊重，每个生命都值得被尊重。这句话看似是空洞的大道理，是老生常谈，实则不然。所谓尊重，是把对方看成独立的个体。**每个人来到世界上都有自己的生命历程，孩子并不是父母的附属物，他们和我们一样，都是前行在生命之路上的运动员，我们没权利做他们的裁判，更无须用他们的行为为自己的人生加分。**

妈妈有意或无意地以子女的成就来判断自己的价值，就会用孩子满足自己的自恋心理。许多职业女性虽然有自己的追求，但由于她们的妈妈在她们小时候为了证明自己的价值，常常会按照自己的意愿强迫她们做一些事情，所以她们很容易把妈妈的想法和做法复制过来，用在孩子身上。全职妈妈的生活重心就是老公和孩子，她们更容易有这样的想法和行为。

自恋的妈妈会剥夺孩子成长中的快乐和成就，把孩子当成自己的一部分或者"工具"，一直与孩子处于一体的状态中。如此，孩子不管将来多有创造力，取得多么傲人的成绩，他们的妈妈都会觉得一切归功于自己。很多富二代之所以特别痛苦，是因为其他人眼中，他们永远是某某的孩子，没有自我，没有属于自己的快乐和成就，很多时候他们考虑的都是能否让父母满意。这样的孩子长大后，他们做一切事情的动机都变成让他人满意，他们很在意他人的看法，会取悦和讨好他人，却又对他人心存怨气。

亲爱的妈妈们：

你们自恋吗？

你们想过用孩子满足自己与他人攀比的愿望吗？

你们用孩子满足自己的愿望时，是在抵抗什么事情带来的挫折感呢？

你们会因为孩子没别人的孩子"好"而自责吗？

你们会质疑自己是不是好妈妈吗？

你们想过做"完美妈妈"吗？

当妈妈们对孩子心怀不满的时候，请先审视一下自己的内心，不要让孩子成为满足自己或推卸责任的工具，要勇于承认自己内心的无力，懂得把自己和孩子分开。

3.5 我要"走街街"
——宝宝需要与真实的世界接触

豆妈记录：今天，你"走街街"了吗 ／ 9个月

"走街街"是我们给豆子安排的专用词语，标准发音是"走 gāi gāi"，意思是上街走走、散步、遛弯儿、出去玩。提出使用该词语的人是豆子外婆，故而富有四川风味。

豆子的走街街活动始于满月。我们都知道，一棵小树苗的成长离不开阳光，"小豆苗"也一样。他需要晒太阳，沐浴新鲜空气。阳光里的紫外线可以帮助宝宝的身体产生维生素 D，维生素 D 是宝宝吸收钙质的帮手，所以适当晒太阳可以使宝宝健康成长，避免患上佝偻病和骨骼生长障碍。

豆子出去晒的不仅是太阳，还有人气。豆子一路走，一路跟我的朋友、豆子外婆的同事、自己的好朋友打招呼，忙得不亦乐乎。宝宝身体苗壮成长的同时，心灵也得到充分滋养，大人也可以在带着宝宝出去遛弯儿时舒展筋骨，抖擞精神，真是一箭双雕、一石二

鸟啊！这么好的活动，怎么能不坚持呢？

走街街，那是天天都要的。

小豆子很快就适应了走街街，并深谙其中的乐趣。外面的世界很精彩，豆子在鸟语花香间呼朋引伴，优哉游哉。每天上午9点及傍晚7点是雷打不动的豆子"巡街"的时间。

只要到点，我们说"豆子，走街街咯"，豆子就会精神一提，两眼放光。若我们在餐桌上天南海北地聊天耽误时间，在一边地上等候的豆子就会很不爽，"嗯嗯啊啊"地催促我们赶紧出门。

前段时间我们把豆子带回了成都，西南地区入冬之后天气寒冷潮湿，傍晚降温后更冷，待在室外很容易受凉。豆子的走街街活动因此被取消，傍晚的走街街改为在家"自习"。

小豆子的心已经跑野了，在家窝了两天之后，他按捺不住自己蠢蠢欲动的心，傍晚7点左右总是急吼吼地要去走街街，他不知道走街街这种看似普通的休闲活动其实也需要天时地利人和。如今，窗外一片漆黑，雾气渐浓，将窗户推开一点，就能感觉到冷风飕飕地往里灌。豆子啊，这哪里是走街街的天！

豆子咿咿呀呀地表示不耐烦，要出去。我们则唱歌、喂奶、拍皮球，想转移他的注意力。豆子架不住奶瓶的诱惑，哑巴了几口牛奶，然后，毅然推开送到眼前的波波球和小青蛙，执着地表达不满。我给豆子讲道理，他不听，还哭闹起来，情绪越来越激动。

豆子外公外婆无奈之下，只好拿出小帽子、小毛毯，把豆子裹成粽子，然后把他紧紧抱在怀里，出门走街街。在楼梯上，豆子的哭声戛然而止，像没事儿人一样，打量起走廊的灯光。我们向他表示："你赢了。"

夜色中坚持走街街的小豆子很高兴，路上的行人寥寥无几，行色匆匆，豆子忽闪着一双不大的眼睛，在层层包裹中体会着冬季的夜晚，他满足了。

今天，你走街街了吗？

心理师爸爸的分析：宝宝要和世界接触

> 简单地说，社会化是人适应社会环境的过程。宝宝开始对外面的世界好奇就是一个社会化的信号——我要开始发展与世界的关系了。妈妈会发现，宝宝开始不受妈妈的控制，有自己的选择。

◇ 宝宝要和世界接触

豆子需要和这个世界接触，不能总待在家里。人长大了，就要去外面，似乎是人类基因里固有的程序。

到户外活动对小宝宝的身心有益。晒太阳、呼吸新鲜空气等不仅可以帮助宝宝保持身体健康，户外的事物给宝宝心理上的满足更是不可忽视的。

宝宝有不断探索的欲望，一切事物在他眼里都是崭新的，他有足够的好奇心和接受能力，不断地探究新天地。户外的世界能给他提供足够的探索素材，这些素材不局限于大自然中的植物、动物、自然现象，还有人类社会的规则和人际互动。新关系和新事物会带给宝宝感官刺激和心理满足，因此，几乎每个宝宝都喜欢外出活动。

相对家里的环境而言，户外世界多了一份不可控性，大自然和社会环境风云莫测，宝宝对户外世界的体验会更加丰富、深刻，其中可能有愉悦、舒适，也可能有不安、痛苦。在探索户外世界的过程中，一个真实而立体的世界会慢慢在宝宝的心中形成。

◇ 和家人统一观念

因为这份不可控性，一些家长在照料宝宝的问题上出现分歧。

有些家长总是担心自己没照顾好孩子，导致孩子遇到什么意外。人们养育孩子的方式和方法已经发生翻天覆地的变化，如果一个家庭中的大人不能统一观念，那么他们的想法和行为就会有冲突。其实，大人的许多担心恰恰是宝宝成长过程中的阻碍，这些障碍可能会直接影响宝宝的自由成长。

在宝宝的爷爷奶奶等长辈的观念中，宝宝只要能吃饱、睡好就可以了，至于宝宝与外面的交流之类的并不太重要；年轻一代的父母注重让宝宝的身心共同成长，就会有规律地带宝宝出门的愿望。

当然，宝宝也有可能在与自然接触的过程中受到伤风、感冒等小问题的困扰，这会引起宝宝的爷爷奶奶或者外公外婆等长辈心疼，甚至有些比较强势的长辈会数落年轻的父母，年轻的父母面对这样的情况时可能不敢坚持自己。这样的家庭，矛盾经常发生。另外，一些年轻父母因为要上班或者想有更多自己的空间，让长辈带宝宝的时间可能更长。这些年轻父母在少数时间里自己带宝宝，用的是不同于老一辈的育儿方式，老一辈给宝宝养成的习惯被打破会让宝宝无所适从。我们家关于出门散步的问题就有一些不同意见。有时候天气不好，或者风大什么的，豆子外婆就想放弃带豆子出门散步。而豆妈和我坚持以豆子的需要为第一行动原则，维护要粗养男孩子的指导方针，陪豆子有规律地出门。

这样的现象在当代家庭中很普遍，一时半会儿还真难找到一个解决方法。既然无法统一，那就需要各方妥协。既然出门散步是为了让豆子与户外的环境接触，我们就在下雨天抱着豆子到阳台或者楼道里，透过窗户看看外面的世界，也算聊胜于无吧！

◇ **心有多宽，世界就有多大**

宝宝需要与真实的世界接触。有满足，也有挫折；有美丽的花朵，也有风霜雨雪的世界是宝宝早晚会面对的真实世界。他们慢慢地接触这个真实的世界，才不会对这个世界感到陌生，才能更好地与这个世界、与周围的人和谐相处。

我们都知道，心有多宽，世界就有多大。在一个"温暖的房子"里成长的宝宝，要么不能很好地适应外部环境，要么以自我为中心，把自己的想法当作世界的标准。宝宝是大自然的一部分，也是社会的一分子，他们有权利经历自己的人生。出去走走，在妈妈的怀抱里看看这个世界，对宝宝来说是一种做准备的方式，他们终有一天要独立地面对这个世界，要意识到这个世界上所谓的救世主，就是他们自己。

幼年时的成长经历，会留存在宝宝的无意识中。**如果父母们希望宝宝将来是独立的、自在的、热爱大自然的，那就让他们从小接触外面的世界。**一般来说，受到过度保护的宝宝容易胆怯，独立能力不强。

既然和外面的世界接触让豆子很开心，那就让他去体验自然和社会，去感受满足吧！

3.6　什么玩具也比不上爸爸妈妈陪我玩
——与爸爸妈妈多互动，宝宝更自信

豆妈记录：什么玩具都替代不了爸爸妈妈　／　9个月

前天带豆子去多多家串门儿，发现多多有了一样新玩具，那玩具像个小小电子琴，带有一组琴键，键盘上方还有萝卜、白菜、茄子等蔬菜与水果形状的小按钮。如果摁最右边的问答开关，玩具就会开始问："小朋友，哪个是白菜？"摁对了就会有一个机械性的声音说："正确。"摁错了玩具也会回应你，让你再来。

我抢在豆子前先玩了一次。现在的玩具制造商与时俱进啊，顺应早教大潮，把对孩子进行农业知识教育提前了。真是急我们所急，想我们所想啊。这样多方便，摆个玩具在宝宝面前，把教育和娱乐放在一块儿，还不用大人费口舌。好！

试验完毕，我很大方地把玩具琴递给一直坐在旁边的豆子和多多玩。两个小家伙可能受到了鲜艳颜色的刺激，扬起小手一通猛拍，可怜那些按钮根本来不及做出正确反应，只听见"正，白菜，你的，茄子茄子，来来，错，嘀——"，玩具琴被拍晕了。没想到啊，两个小宝宝对玩具的教育功能置若罔闻，浪费了多多妈当初给她添置新家当的初衷。

可能因为多多是女孩儿吧，多多妈对多多一直比我对豆子上心，会比我早一步给宝宝准备衣物、玩具、日用品，选东西也很细致。多多妈的行为促使我觉得，我也应该给豆子添点儿家当。儿子大了，我也要注意开发他的智力。

为避免盲目购买造成浪费，我专门做了功课，查阅了很多书籍和网络资料，知道7个月的宝宝要锻炼手指的精细动作，要培养他们在短时间内保持专注……不查不知道，一查吓一跳，我在网页上搜索一下，"宝宝玩具选择"，你们猜猜跳出来多少个结果？1后面跟着8个0。可见有多少要买玩具、卖玩具、玩玩具的人在关注这个市场。

我满怀希望地走进玩具卖场，要给豆子挑几样适合他玩的玩具回去，不料货架上的商品令我眼花缭乱。太多了，无从下手。宝宝们的玩具琳琅满目、五彩缤纷，让我开眼。在导购员的循循善诱下，我逐一了解了它们的功能、安全性、性价比。其中有好多玩具可爱得不得了，手感舒服，而且貌似很有教育作用，真是让我爱不释手，难以定夺。最终，纠结了好一阵，我拿了一套积木和一个能放音乐的塑料电话。

怀揣着献宝的心态到家，盼望新玩具可以让豆子眼放异光，也不枉我劳心费力。我把一堆积木和电话摆在豆子面前，他确实兴奋了，小手失去控制似的挥舞了几下，哗啦哗啦，一堆积木就奔向五湖四海了。至于玩具电话，我的原意是用来教他用手指头拨号，训练他做精细动作，但豆子没有理解我的用心，他坚持把玩整体，拍拍、摸摸、推推，继而手一挥，把玩具电话推到地上，不要了。

我当然知道宝宝不能一下子就领悟玩具的作用，要教他，要给他时间摸索。于是，我也坐在地上跟他一起玩。我负责把积木一块一块地搭起来，豆子负责推垮它，反复多次，豆子很开心。我本以为他开始对积木感兴趣了，所以当我要做其他事或者懒得陪他的时候，就把积木堆到豆子跟前，希望豆子自娱自乐，通过玩玩具开发智力。但是，这只是我一厢情愿，豆子坐在积木中间，对它们视若无睹，他仍然很无聊，开始东张西望。他宁愿扯餐巾纸也不搭理启智玩具。再多自己玩一会儿，豆子就会开始抗议，要找人，要陪伴。我本想让玩具陪豆子，现在看来自己得以偷闲的算盘打空了。

我的身边不乏给孩子买很多很贵的玩具的家长，即便他们没有我这样想偷懒的私心，也寄希望于那些昂贵的玩具能够开发宝宝的智力，使孩子赢在起跑线上。

我也曾这样想，直到我读了一句话："宝宝喜欢人类，超过任何非人类的玩具。"这句话瞬间击中我的心灵，此话也的确是科学研究的确凿成果，我的切身经历也验证了它的真实性。

宝宝什么时候最快乐？爸爸妈妈陪着他的时候。

宝宝什么时候愿意学新知识？爸爸妈妈面对面、手把手教他的时候。

大人给宝宝买玩具的目的不外乎这两条，然而单凭玩具不能让宝宝快乐、愿意学新知识。玩具再昂贵，具备再多功能也代替不了爸爸妈妈。把宝宝放在几千块钱的幼儿学习桌前坐一天，比不上爸爸妈妈陪着宝宝玩一天，因为他可以听到爸爸妈妈的声音，看到爸爸妈妈的表情，模仿和学习会在生活中悄然进行。离开了爸爸妈妈的陪伴，比起学到的知识，冰冷的学习桌带给宝宝的更多是孤单。

原来我们就是豆子最好的玩具，我们的手指、我们的脸、我们手里的一根小木棍都可以让宝宝玩乐、让宝宝学习，这是上帝赋予父母的功能之一吧。

心理师爸爸的分析：宝宝最需要与父母互动

> 宝宝在婴儿期的主要游戏方式是与成人互动，玩具无法代替父母带给婴儿的嗅觉、触觉、听觉等。宝宝还没有学会自我满足，玩具怎么能和父母比呢？

豆子喜欢和人类相处，而不是玩具。

从某种程度上说，玩具可以解放父母，毕竟带孩子是很累的事情。假如有东西可以替代父母陪伴宝宝，父母们就会愿意尝试，这就是偶尔有妈妈抱怨现在的玩具很贵，但还是拼命往家里采购的原因。

不到1岁的宝宝对玩具的兴趣远远没有对父母的兴趣那么高。现在有一些模拟人的玩具可以和宝宝互动，那么将来陪宝宝玩的任务是否就可以交给机器人了呢？答案当然为否，人类内心的感受是独一无二的。对于不到1岁的宝宝来说，最好的玩具其实是人。

适度玩玩具会满足宝宝的一些心理需求，会让宝宝的心理积极、健康。但过头了，就不是那么回事了。

当我和豆妈或者其他亲人陪着豆子的时候，任何玩具对他来说

都是有趣的。用最简单的玩具陪他玩就会让他异常兴奋。在豆子 7
个月的时候，我就经常和他玩"爸爸不见了"的游戏。游戏很简单，
我拿一块毛巾遮住自己的脸，然后忽然拿开，让豆子看见我。几次
之后，豆子就会很好奇，他被吸引，就会投入到游戏中来。每次当
我拿开毛巾的时候，总可以看到他立刻咧开只有几颗牙齿的嘴巴笑。
这样的游戏是 7 个月左右的宝宝最喜欢的，也是能训练他心理接受
能力的游戏，建议多玩。

多与人互动，可以促进宝宝自信，这会帮助宝宝长大后保持自
信。在和父母的互动中，宝宝可以体会到父母的肯定，或者建立自
我价值感。经常被父母扔在玩具堆里自己玩耍的宝宝，可能会欠缺
一些自我价值感，逐渐产生自卑心理。

金女士是 SOHO 族，在家办公，兼顾带孩子。她工作繁忙，有
时候会因为看着网络上的信息而忽略女儿。女儿闹，她就把女儿放
在推车里，在她面前放几个玩具，让她自己玩。虽然一开始小宝宝
并不愿意，但后来她还真乖，不到 1 岁，就能一个人和玩具玩很久。

起初，金女士很庆幸，觉得自己的女儿好带。但随着女儿慢慢
长大，她就发现问题了。女儿会拿着两个玩具嘀咕嘀咕地说她听不
懂的话。带女儿出去时，女儿也不会像其他小朋友那样和人打招呼，
总是躲在她后面。金女士想和女儿玩一会儿，女儿的反应却很木讷，
只顾玩自己的玩具。她很担心女儿患自闭症。女儿上幼儿园后，问
题表现得更明显。她总是很不开心，经常不愿意上幼儿园，甚至说
幼儿园里有坏人。金女士知道孩子不上幼儿园是不可能的，所以很
头疼。据幼儿园老师反映，她女儿几乎没有和人交流的能力。

金女士的养育方式给孩子造成了负面影响。她和女儿平时互动

得太少，忽略了女儿需要在与人的互动中建立处理人际关系的能力。金女士其实也知道这一点，但她总用各种各样的理由回避这个问题，并且总是心存侥幸。

其实，金女士自己也是个不善于与人交流的人，才选择了做SOHO族。她的父母是渔民，金女士从4个月大开始，就被妈妈用绳子拴在船上，她的妈妈随便扔给她几个布娃娃，有时候一拴就是一天。到现在，金女士对布娃娃的情感都很矛盾。她喜欢哪个布娃娃就把哪个布娃娃买回家，看着哪个布娃娃稍不顺眼，又会把它扔掉，这或许和她潜意识中对妈妈的照顾的矛盾情感有关，而布娃娃就像她自己。金女士又在无意识中将自己的命运延续到女儿身上。

金女士明白这些后，决定先处理自己内心的问题，然后学着接纳自己的女儿，尽可能处理好做工作和陪伴孩子之间的矛盾，把更多时间用在与女儿一起完成一些事情上。慢慢地，金女士的女儿愿意上幼儿园了，只是金女士每天都要在幼儿园里陪她一会儿才能走，而且她必须带着一个自己的"芭比"娃娃。

金女士是个学习型的妈妈，并且自我内省能力比较强，愿意接受专业的意见。"亡羊而补牢，未为晚也"，但金女士和她的女儿为此付出的代价还是很大的，要想让女儿真正恢复健康，金女士或许要努力很多年。

父母与宝宝之间的互动是任何东西都替代不了的。

3.7 弟弟还是妹妹

——帮孩子建立正确的性别认同

豆妈：让豆子认同自己的性别 ／ 9个月

众所周知，豆子是"一粒雄性豆子"，是一个有 X 染色体和 Y 染色体的男娃。但是，有的时候也会被街上的大妈问："是个小妹妹吧？"

虽然豆子是个小胖子，可眉眼间还是很秀气的。

省视内心，这种听别人把豆子当女孩儿时产生的愉悦，其实来自一个未完成的心愿。当初豆子还在我肚子里时，我和豆爸常想：是男宝宝还是女宝宝呢？这也是所有胎宝宝提供给准爸妈的心智游戏：我猜我猜我猜猜猜。

出于种种公开的以及不可告人的目的，我们希望豆子是个女孩。当初给宝宝定小名的时候，我们受惠于《窗边的小豆豆》一书，希望让我们想象中的小女孩搭个顺风车，像那位著名的小豆豆一样自在成长。我期待给她留日式的冬菇头，看她张牙舞爪地扑向我们的怀抱。

历经 40 周揣度，彩票终于在豆子生日那天开奖了。我们虽没中奖，豆子是个男宝，但那一刻，我们依然喜极而泣。

不知道我们太期望宝宝是个女孩的想法是不是影响了胎儿期的豆子，反正现在豆子有时看上去真的像个女宝宝，他摒弃了我和豆爸粗线条式的长法，眉清目秀，难怪有时被误认为是个小女孩。

不过，我们很清楚，亲爱的豆子是个男孩，将来会长成一个帅小伙。从他出生开始，我们就完全接纳了他是一个男孩的事实，对他的期待是充满了男性色彩的，养育时也充分尊重宝宝的性别，比如给他穿蓝、白、灰色为主的小衣服，将之前准备的粉红小棉衣、小裙子当作收藏品，因为我们知道，对宝宝的点滴教养都会影响他的性别意识。

有人说："宝宝那么小，知道自己是男是女吗？给 1 个月大的男孩穿粉红色的衣服，他也意识不到有什么问题吧。"这个嘛，我不能揣摩豆子的想法，但我个人觉得还是早点注意为好。

打着"男孩子粗养，女孩子娇养"的幌子，我们省下了很多买漂亮衣服、发卡、洋娃娃的银子。也许，在我们的无意识中，粗养对他来说是一种锻炼，能让他更坚强、茁壮、大气，这些是男人的特质，这样的男人才扛得起重担。

我们希望豆子能愉快地接受并享受自己的男性身份。豆子会慢慢长大，有一天，他会去上男厕所，他可能会着迷于汽车模型，他可能会感到一个男人要承担的责任很重……

看着地上的这个男宝宝，我在憧憬未来的那个男人。

心理师爸爸的分析：帮孩子建立正确的性别认同

> 父母对孩子的期待、家庭中的结构会影响孩子的性别认同，如果在父母的影响下，男孩期待自己成为女孩，女孩期待自己成为男孩，就会造成性别认同混乱，甚至出现性别认同障碍。

一个人有生理性别，还有心理性别。所谓心理性别，就是一个人对自己性别的认同。

◇ 接纳孩子的性别

在豆子出生前，我们一度希望豆子是个女孩，这是父母的私心，但我更想尊重我自己的孩子。当豆子来到世界上，医生告诉我宝宝是个男孩时，那瞬间我心里是有一点失落感，但这种程度的失落，我自己完全可以消化，绝对不会影响到我对豆子的爱。

父母对孩子的期待会无意中影响孩子的成长。在性别认同上尤其如此。如果父母没有完全接纳孩子的性别，而是以照顾另一种性别的孩子的方式来照料自己的孩子，那么这个孩子的心理就可能会出现一些问题。

◇ 父母怎样影响孩子的心理性别

心理性别的形成受到很多因素的影响。在这里我谈一下父母对心理性别形成的影响。宝宝还没出生，或许这样的影响就已经存在。

我们先来看看，妈妈的自我否定如何使女孩产生对男性的性别认同。

一些妈妈没有太多自我价值感，并且认为出现这一问题是因为自己是女性，所以她们期望自己的孩子是男孩，这样孩子就不需要经历她们在成长中经历的那些属于女性的痛苦。这样的期待是妈妈对孩子的爱吗？当然是，但也可以认为是妈妈因为自恋产生的想法。如果这些妈妈生的宝宝是女儿，她们内心的焦虑就会无意中散发出来。这样的焦虑被宝宝感受到，宝宝会怎样呢？宝宝会认为女孩是没有价值的。这样的妈妈会在宝宝成为一个保护自己的角色或者像男孩那样行动时很开心。于是，她们的宝宝就朝着这个方向努力，渐渐地，宝宝越来越具有男孩的心理特征，女孩的心理特征在她们的心中渐渐减少。

这类妈妈，其丈夫基本都有不履行丈夫职责的时候。因此，在家庭结构中，她们会扮演自己指责的那个人。

更加值得重视的是，假若这类妈妈生的不是女孩，而是男孩，她们就会按照自己内心对男性的期望塑造孩子、要求孩子。在她们的无意识中，儿子是丈夫的替代者，真正的丈夫反而被边缘化，孩子从小接收到这样的信息，会本能地排斥自己的爸爸。这会导致他们在成长过程中缺少男性榜样，心里会充满性别认知冲突。这样的情形在孩子年幼的时候就会表现出来。

由此，我们可以看出，父母对自身性别角色是否认同、夫妻关系是否良好都会深刻影响到孩子能否认同自己的性别。严重的性别认同障碍会影响孩子长大后的工作和婚恋生活。只可惜，大多数父母很难意识到，不同的夫妻关系会给孩子造成不同的影响。许多人的认知还停留在父母关系不好会影响孩子心理健康的简单感性认识上，具体是怎样影响的，不同影响的后果是什么，许多父母对这些问题都不是很清楚。一些父母发现孩子出现问题时，希望专业人士能马上帮助他们改变孩子，一旦他们知道问题涉及他们自己的心理问题，就会封闭自己的内心，回避自己的责任。

我们再来看看，妈妈如何使男孩产生性别冲突。

一名 20 岁的男孩学习成绩很好，但总是显露出抑郁的神情，大家在他身上很难看到男性的阳刚气质，却能看到许多阴柔的东西。他非常胆小，对自己的母亲唯命是从，因此他常认同自己的母亲，在心中贬低自己的父亲。他希望自己也是母亲那样的女性。但是这样的心事是没办法和人说的，很少有人能理解这些。他来找我的时候内心很痛苦。

上面这个男孩就是在性别认同方面出现了问题。他无力成为一个男人，所以很希望自己成为一个强势的女人。他将自己的愿望寄托在女性的性别上，希望自己成为女性。

家庭中父母的功能是否正常影响孩子将来成为怎样的一个人。

◇ **给父母的建议**

父母会影响孩子对自己性别的认同。

从宝宝出生开始，父母就应该自然地接纳他 / 她的生理性别，无论宝宝是男是女，都为他 / 她的诞生由衷地喜悦，不把自己未完成的期待附加到宝宝身上。

在家庭中，父亲和母亲都需要扮演各自的角色，实现各自的功

能。宝宝在成长过程中耳濡目染，认同爸爸的男性性别特点和妈妈的女性性别特点，学习怎样做一个女孩或者男孩。

同时，爸爸和妈妈的关系和谐也非常重要。和谐的夫妻关系就像和风细雨，提供给孩子充足的营养和轻松的环境，而病态的夫妻关系使得母亲或父亲在无意识中将不合理的期待放在孩子身上，孩子受到压力的胁迫，与父亲或母亲产生病态的依恋关系，就可能会出现性别认同障碍。

3.8 爬呀，小豆子
——爬行，让孩子的人生有动力

豆妈记录：爬行是最好的感统训练 ╱ 9个月

　　几年前，我还在学校里做老师时，接触到一个名词——感统训练，相关词语还有感统失调。

　　感统的全称为感觉统合。人体有很多负责感觉的部分，比如鼻子、眼睛、嘴巴、耳朵、皮肤等，这些部分分工合作，向大脑传输搜集来的信息，大脑集中处理这些信息，然后统一调度，向身体发出指令，从而让人完成运动、学习等任务。如果这一系统中的某个环节出了问题，比如某负责感觉的部分"玩忽职守"，不及时向指令中心汇报感觉信息或者有误信息，那么人的学习和工作任务就没法顺利完成。

　　感统失调的孩子可能会把"b"读成"d"，可能在上课时东张西望，也可能老学不会跳绳或者走路容易摔跤。总而言之，感统失调不仅会让小朋友自己不开心，自信心受损，还会让大人不省心。

专业的感统训练会借助一些孩子们感兴趣的器械、玩具，帮助孩子们进行肢体关节训练、体肤训练、前庭系统训练等。我做老师时，学校里的心理老师曾跟我说，其实目前预防感统失调的最佳训练方式是一项非常常见的运动——爬。

那时候我就想，等我有了宝宝，就让他爬去吧，省钱省（我的）力，经济实惠。

终于，豆子来了，我要开始实施我的省钱训练计划了。但我的计划比较完整，不是等豆子会爬才开始的，而是从豆子成形的时候开始的，所以其中包括坚持顺产——由小豆子亲自爬出产道，这会给他提供人生第一次感统能力训练课。不过遗憾得很，因为豆子头太大，这节课被临时取消了。

我很期待豆子满地乱爬，早早给他准备了爬服和护膝。等啊等，小豆子好不容易能抬头了，又好不容易能坐稳了，再好不容易会退着爬了，可他就是不往前爬。为了督促他练习，我们常常拿玩具或者饼干在他面前晃啊晃，诱导他，嘴里还不停鼓励他："豆子，快来拿，好好吃的饼干哦，加油加油！"豆子很想吃，便努力往前爬，可能是因为他太胖了，小桶腰总是抬不起来，有好几次，他的屁股都撅起来了，不过腰上一松劲儿，"叭"地一下摔下去了。豆子一着急，手臂就用力，"扑哧"退后一大截，结果是他越急，退得越远。噢，可怜的豆子。

前些天，豆子在客厅地板上玩，我在厨房做饭。我突然听得一阵响动，就一下弹射到客厅，见豆子趴在饮水机旁边，饮水机的柜门已经被打开，豆子正在把玩里面的玻璃杯，玩得不亦乐乎。我一边疑惑他是怎么挪过去的，一边将他拎回大概离饮水机有4米远的

第三章　心理分化期开始：
让宝宝有自我满足的能力，形成独立的人格（6～10个月）

地方坐着，然后回到厨房继续忙活。不一会儿，我再次听到豆子玩杯子的声音，大概他喜欢那种丁零当啷的声音。这次把他拎回去，我不走了，在旁边观察他，意犹未尽的豆子果然趴下朝饮水机的方向爬去，哦！这个家伙是爬过去的，他会爬了！

我把消息告诉全家人，大家都很兴奋，奔走相告：豆子会爬了，会往前爬了。

饮水机事件是豆子成长史上一个具有里程碑意义的事件，它标志着豆子结束了被动前行时代，进入主动前行时期，这将为他开拓新天地、探索新秘密提供有力支持。同时，该事件还标志着我"蓄谋已久"的感统训练计划正式进入关键期，爬行中的豆子将自主训练，在爬行中发展各项能力。在这里，让我们预祝他再接再厉，取得更多好成绩。

心理师爸爸的分析：宝宝爬行的心理意义

> 行动是孩子心理发展和感知世界的基础。宝宝发现了自己的能力——会爬时，可以和这个世界上他们想要的东西更接近。这是宝宝学会满足自己的开始。

豆子会爬是一个决定性的事件。这句话似乎有点言过其实，很多人会说，爬嘛，哪个孩子不会啊！是啊，爬，哪个孩子不会呢？

在这里我们不谈论爬行对宝宝的体能有什么帮助，这个问题可以交给运动学家去研究。我想说说爬行的心理学意义。

◇ **爬行期是成就感获得的初级阶段**

一方面，爬行可以让豆子触碰到他想要的东西，这让豆子自我满足从幻想层面变成现实层面。以前他可能只会想"我怎么能够到呢""谁能帮我把我想要的东西拿来呢"，但现在，他会一边想"嘿嘿，我自己可以获取"，一边开始行动；另一方面，爬行让豆子从对妈妈绝对依赖的阶段，前进到相对依赖的阶段。一个新的、有自我的人，从这个阶段"爬"出来了。

爬行期，宝宝开始获得成就感。所谓成就感，就是用自己的行为获得自己需要的物品或者内心体验时产生的满足感和快感。宝宝通过爬行获取自己想要的东西，也通过爬行来证明自己的存在和价值。

不过，这样的成就感很容易被不懂宝宝心理的大人剥夺。有许多照料者看到宝宝爬行时，内心会焦虑。这样的焦虑主要来自三个方面：一、宝宝刚开始会爬时可能爬得非常困难，照料者担心宝宝太累，不让宝宝爬；二、后来宝宝爬得利索了，照料者又担心宝宝到处爬会遇到危险；三、爬行是宝宝意志独立的开始，这会给控制型照料者带来挫败感和恐慌感。很多大人可能没意识到自己并不希望宝宝独立。

有一天，我去朋友家做客时，他10个月大的宝宝正在地上爬。除我之外，有3个大人围着宝宝，他们把一个宝宝喜欢的小熊放在距离他两米以外的地方，宝宝开始通过爬行去拿那个小熊。这个宝宝刚学会爬，而且比较胖，爬得很吃力，慢悠悠、跌跌撞撞的，脸都涨红了。他爬一下，就看一下周围的人，眼神中充满期待。这时候，他的奶奶忍不住了，就把小熊拿得离他近了一点。过一会儿，他的妈妈也忍不住了，把小熊拿得离他更近了一点。最后，小熊已经在宝宝的手边了，他不用爬就可以拿到。宝宝把小熊抓到在手里，笑了。所有人都笑了。

我告诉他们，最好把小熊放在原地，让宝宝通过自己的能力获得。一方面，能够锻炼宝宝的爬行能力，让宝宝多运动；另一方面，能够让宝宝通过完成这件事，获得自我满足。但我的意见在他们的笑声中被淹没了。

多么"体贴"的照料者啊！但我为这个宝宝将来的社会功能、自我实现的能力担心，同时也为这个宝宝将来能否很好地维持人际关系而担心。

我还见过一个更让人担心的宝宝。

宝宝的家装修得很奢华，到处放着古董和工艺品。他在学习爬行的时候，对任何东西都感兴趣。年轻的女主人为了避免宝宝毁坏古董和工艺品，或被这些东西所伤，用绳子的一端拴住宝宝，将绳子的另一端拿在手里。每当宝宝爬向一些她不想让宝宝碰的物品时，她就用绳子将宝宝拉回来。

我不知道那个宝宝内心的体会，但宝宝在执着中不放弃的样子让我感受到了他的情感和情绪。他很努力，但再怎么努力，都不会成功地获得自己要的东西。请大家体会一下，你们非常努力地做一件事情，却得到失败的结果时，是什么心情？在那样的体验中，你们会给自己什么样的心理暗示呢？也许，从那以后你们会失去动力，再也不想努力尝试。

　　爬行是宝宝享受的行为，就和爱好游泳的人希望自己能经常泡在水里一样。喜欢游泳，难道只是喜欢水吗？非也。很多时候，人们会在游泳时挑战自己的能力，从而获得自我肯定和成就感。因此，宝宝爬行，除了是宝宝生理发育的历程以外，还是他们获得自我成就感的开始，不要轻易剥夺他们的权利。

◇ 让孩子爱上爬行

　　有些妈妈反映自己的宝宝不喜欢爬，其实，这些宝宝原本可能是喜欢爬的，只是在开始会爬行时就被阻拦，或在想获得某样东西的时候有人代劳了，因此他们就不爬了。他们通过被动攻击行为表达内心的挫折感。这和很多5岁左右的孩子做事情拖拉、慢是一个道理。

　　我们小区里有个会所，会所底层有一片光滑的大理石空地，很大。许多刚会爬行的宝宝在那里练习爬行。我在其中见到一个在爬行中获得无限快乐的宝宝，他的快乐甚至可以感染我，我都想和他一起爬。那是一个8个月大的男宝宝，他的爬行方式很有趣，有时候用膝盖，有时候手和脚着地，把身体腾空。爬行速度也异常快，几乎是满场飞爬。他的妈妈就一直在一边看着，手里拿着奶瓶，还有毛巾。她用充满欣赏的眼光看着宝宝爬来爬去，神情中是满足和自豪。有时候，宝宝爬到一些角落里时，妈妈会过去评估一下那里的危险系数，如果觉得没有危险，也就由他去了。

　　这是怎样稳定和安全的妈妈！怪不得，那个宝宝强壮而且自信。我过去的时候，他爬过来抓一下我的脚，对我咧嘴笑了一下。得到我笑的回应后，他又开始转着圈爬，真是个身心健康的宝宝。

　　回到家里，我把危险物品都放到安全的地方，看着豆子满地乱爬，也让他体会属于他的快乐和成就。

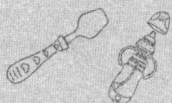

第四章 心理分化进行中：

培养宝宝自我满足和沟通的能力

（11个月~1岁4个月）

凭借着快速发展的爬行能力，宝宝可以离妈妈很远了，这标志着宝宝心理发育的一个新阶段开始了。可是宝宝常常不愿意离妈妈太远，妈妈是他们的情感基地，爬累了，就要回去找妈妈加加油。

　　这个阶段要逐渐培养宝宝自我满足的能力、沟通能力，妈妈要学会尊重宝宝的需要。

4.1 回头望望，妈妈在
——安全依赖是建立亲密关系的最初形式

豆妈记录：宝贝，妈妈和你在一起 ／ 11个月

亲爱的豆子已经能满地乱爬了，在每天坚持不懈地锻炼下，豆子的肚子小了很多，L码的纸尿裤在豆子身上显得比较宽松了。这种眼看着腰围一点一点变小的感受对于减肥的女士来说，应该是最令人兴奋的吧。可惜，豆子对形体美没啥概念，他热衷于爬到角角落落，翻垃圾，找快乐。

在家里，我坐在沙发上看书，把豆子放在脚边。豆子是耐不住寂寞的，他手脚并用，开始了探险之旅。

他一会儿爬到书柜边上，摸摸他的布书；一会儿爬向餐厅，在餐椅"林立"的木腿儿之间发发呆；一会儿爬到厕所门口，被豆子外婆预先放在那里的木板挡住去路……不管爬到哪里，豆子都会展示性地回头望望我，意思是说："瞧，我爬到这里来了。"每逢豆子回望，我就赶紧表白："豆子真棒啊，爬到那里去啦！"

听到了"奉承话"，豆子便心满意足，继续自娱自乐，不再叨扰我。说一次"奉承话"，可以管用5分钟左右。

下午，我要做饭了，把豆子安排在客厅里听儿歌，让豆子看小朋友们喜欢的音乐短片，然后自己转身进厨房忙活。不一会儿，我身后响起窸窸窣窣的童声，"小狗"豆子爬过来了，在厨房门口扬起大脑袋得意地笑。跟我打完招呼，豆子就自己爬开了，估计他心里想的是：让妈妈忙她的去吧。

我做饭的时候，豆子每隔一会儿就过来视察一下，当然，他并不总是乖乖地打个招呼就走，有时还要耍赖，一定要我抱抱他，不抱不走，还大喊大叫。遇到这样的情况，我就必须把炉子上的火关掉，把豆子抱起来，跟他玩一玩，将豆子哄高兴了，再边讲道理边把他放回地上，然后折回厨房接着倒腾菜。

挺烦的，豆子为啥不能自己待一段时间呢？如果他自己能待10分钟，我就可以在完成一件事的过程中不被打断。我想，也许是因为他还太小，离不开妈妈。再过一年，等他会看《天线宝宝》和《乐智小天地》了，我还不一定能把他从电视机前拉回来呢。

马上就要1岁的豆子现在越来越黏我，对我的依恋程度达到了一个新高峰，在他的心里，妈妈是唯一的，不可替代的。上周发生的一件事令我和大家颇为感慨。

我出差了，离开豆子一个多星期，这是豆子和我都没有经历过的事，我很担心豆子会不适应。幸好，亲爱的豆子外公外婆天天照顾豆子，他似乎没心没肺，开心依旧。

在我离开一周后的某天，豆子外公外婆带豆子出去玩。路上，豆子外婆灵感忽至，唱起名为《小毛驴》的童谣。这下可好，豆子听了两句，就"哇——"的一声大哭起来，边哭边喊"妈妈"，伤心至极。两位老人愣了整整1分钟才反应过来，这是我的"专属作品"，从豆子出生起，我就唱这首歌给他听，在豆子的耳朵里和心里，这是象征妈妈的歌吧，他一定是非常想念远方的我了。

二老赶紧抱着豆子跑回家，一进家门，第一件事就是给我打电话，让豆子听我的声音，他们将听筒贴在豆子的耳朵上，他又开心了。大家都很感慨，这么小的孩子心里什么都知道啊，谁也替代不了他的妈妈。

听着电话里小豆子稚嫩的声音，我更加想念他，想把他胖胖的身体抱在怀里，告诉他：宝贝，妈妈在，妈妈和你在一起。

心理师爸爸的分析：安全依赖是建立亲密关系的最初形式

> 实践亚阶段——通过爬行，宝宝的身体可以离妈妈的身体很远了，这是宝宝心理发育的真正开始。他仍会随时寻找妈妈，获得情感上的支持，妈妈是宝宝的情感基地。

◇ 三种依恋模式

一些宝宝在妈妈的怀抱中和接收到妈妈的话语回应时能感觉到安全，这会让他们得到满足。他们知道自己叫妈妈，妈妈会回应自己时，就不会对自己和妈妈的关系产生任何怀疑。这样的宝宝就是和妈妈建立起了安全型依恋模式的宝宝。处于这种依恋模式中的宝宝，和妈妈分开一会儿能专注于自己的游戏或者正在做的其他事情，不会担心妈妈不回来。

一些妈妈经常在不恰当的时候给予宝宝不恰当的回应，这样的宝宝就会和妈妈形成另外两种依恋模式：矛盾型依恋模式和回避型依恋模式。

是的，豆子开始自己探索外部世界了，这和以往的探索不同。以往豆子都是在亲人的怀里探索的，主要用眼睛。而现在，豆子自己会爬了，探索的愿望更加强烈。但与妈妈分离久了还是很痛苦的。因此豆子用了折中的方式：探索一会儿，就看看妈妈。只要妈妈在，他就可以放心地探索属于自己的世界，因为他知道，妈妈在，就是安全的。这有点像在有安全绳的保护下登山。

豆子和豆妈形成的依恋模式显然是安全型的。他可以离开妈妈，也会在离开妈妈不久后回来向妈妈提出自己的亲密需要，当妈妈满足他的亲密需求时，他很享受，并能在被满足后，又一次离开妈妈。

有些宝宝会表现出对妈妈的矛盾型依恋。妈妈不在时，他们很焦虑，哭闹。妈妈回来时，他们又不需要，甚至会推开妈妈。为什么会出现这种情况呢？这样的宝宝内心有两个无法合一的妈妈。在他们心中，离开自己的妈妈是自己需要的、能给予自己满足的"好妈妈"，他们会因为她的离开而哭泣、焦虑；重新回到他们身边的妈妈，是让自己体会到痛苦、恐惧、不安的"坏妈妈"，所以他们会生气，会将妈妈推开。为什么妈妈回到宝宝身边，宝宝依然会体会到痛苦、恐惧、不安？原因在于，妈妈在宝宝没有准备的情况下，就单方面地做出了分离行为。也就是说，妈妈没有顾及宝宝的需要，断然离开了宝宝，并且没有给宝宝承诺或者回来的期限。假如你本来每天都跟宝宝在一起，突然有一天，你一整天都没有在宝宝面前出现，宝宝就容易产生痛苦、恐惧、不安的感觉。很多职业女性的宝宝都有过类似的体验。

还有一些宝宝与妈妈形成了回避型依恋模式。宝宝对妈妈似乎不在乎，妈妈走也好，来也好，他们好像都无所谓。他们总是独自玩耍，缺乏和妈妈之间的交流。什么样的照料方式促使宝宝与妈妈形成这样的依恋模式呢？通常由于妈妈相对没有照料能力，没有顾及宝宝的需要，没有从尊重宝宝需要的角度满足宝宝，完全按照自己的判断把一些东西强加给宝宝。比如宝宝明明因饥饿而哭泣，妈妈却一味地抱着宝宝，哄着宝宝；宝宝强烈需要独自探索外界，妈妈又不由得剥夺宝宝探索的机会。这样的妈妈总是不让宝宝满足，她们令宝宝无法产生期待。对宝宝来说，既然依恋关系带来的总是挫折，那他们还不如自己满足自己，所以就会回避妈妈了。

◇ 依恋模式对成人的影响

依恋理论最初由英国精神分析师约翰·鲍尔比提出，他试图理解婴儿与父母分离后体验到的强烈苦恼。鲍尔比观察到，被分离的婴儿会通过哭喊、紧抓不放、疯狂地寻找等极端方式力图靠近父母或抵抗与父母分离。在当时，精神分析学者认为，婴儿之所以做出这类行为，是因为婴儿仍不成熟的防御机制被调动起来，抑制情感痛苦。鲍尔比指出，这样的表达情感方式在许多哺乳动物身上是很常见的，这些行为可能具有生物进化意义上的功能。

鲍尔比依据行为理论做出假定：哭喊和搜寻等依恋行为是与原有依恋对象（即提供支持、保护和照顾的人）分离后产生的适应性反应。之所以出现这种反应，是因为人类和其他哺乳动物幼儿都不能自己获取食物和保护自己，都依赖于"年长而聪明"的成年个体为他们提供照顾和保护。鲍尔比认为，在进化的历程中，能够与一个依恋对象维持亲近关系（通过看起来可爱或借助依恋行为来维持亲密关系）的婴儿更有可能生存到生殖年龄，自然选择渐渐地"设计"出一套鲍尔比称之为"依恋行为系统"的动机控制系统，用以调整与所依恋对象的亲近关系。

依恋行为系统是依恋理论中的重要概念，因为它从总体上使两者联系在一起——人类发展的行为模式以及情感调节和人格的现代理论。在鲍尔比看来，依恋行为系统在实质上是要"询问"：我所依恋的对象在附近吗、他接受我吗、他关注我吗等根本性问题。如果孩子察觉这些问题的答案为"是"，那么孩子就会感到被爱、安全、自信，并会探索周围环境、与他人玩耍、开展交际；但是，如果孩子察觉到这个问题的答案为"否"，那么孩子就会焦虑，出现从用眼睛搜寻到主动跟随和呼喊等依恋行为，而且这些行为会一直持续下去，直到孩子与依恋对象重新建立足够的身体或心理亲近水平，或者直到孩子"精疲力竭"，后者会出现在长时间的分离或失踪的情境中。鲍尔比相信，在这种无助的情境中，孩子会体验到失望和抑郁。

依附理论不仅为理解婴儿的情感反应提供了架构，还为理解成人的爱、孤独、悲伤提供了架构。成人的依附风格被认为直接来源于自己及他人在婴幼儿及童年时期发展起来的依附模式（或心智模式）。但鲍尔比也认识到，在儿童如何评价依恋对象的可亲近性以及儿童面临威胁时如何调整自己的依恋行为方面，存在着个体差异。鲍尔比的同事安斯沃思通过实验，正式对这种个体差异进行了解释，并形成了依附风格三重分类学，随后，这一学说也被用以解释成人的亲密关系。通过观察，研究人员发现：

安全型成人比较容易接近他人，并能自然地依赖他人和被他人依赖。安全型成人不会经常忧虑被抛弃或与人关系过于亲密。

回避型成人在与他人关系亲密时会有些不自然，他们难以完全信任他人、难以让自己依赖他人。回避型成人在与别人关系亲密时会感到紧张，他们的恋人要求发展更亲密的关系使他们感到不自然。

焦虑 / 矛盾型成人会发现别人不愿意和他们建立他们期望中的亲密关系。焦虑 / 矛盾型成人经常担心自己的伴侣不是真的爱自己或不想与自己在一起。焦虑 / 矛盾型成人想与另一个人完全融合在一起，而这种愿望有时会把别人吓跑。

有些女性会在丈夫在家时，不停地攻击、抱怨对方，不想与对方建立过于亲密的关系；但是她们会在丈夫不在时，希望丈夫可以回来陪她们。她们处在两种截然不同的体验中，既希望跟丈夫亲近，又无法跟丈夫亲近。这就是矛盾型依恋模式在成年人身上的演绎。

30岁的王先生是一名销售员。在处理与客户的关系上，王先生非常老练，因此他在工作中很出色。即便他的各方面条件都不错，喜欢他的女孩也不少，但他恋爱多次，没有能超过3个月的。每次恋爱总是以女孩对他感到很愤怒而结束。

王先生弄不清楚为什么会这样。他对女孩们很真诚，在恋爱中也愿意为对方做许多事情，为什么那些女孩最后都会带着愤怒离开？王先生认为自己一定有什么问题。

通过一次次的讨论，我发现，王先生的每次恋爱经历都惊人地相似，他与女性交往的模式在我们的交流中越来越清晰。

通常，在刚开始对对方有好感时，王先生会进行很猛烈的追求，一天可以给女孩打十多个电话，发许多消息，常常给对方送花或者其他礼物。对方感觉到他的诚意，接受他时，他会感觉很开心。

可是，当两个人经常见面、感情升级后，王先生就会因为对方身上有自己不能接受的缺点而朝对方发脾气。当对方和他争辩时，他就会冷落甚至指责、攻击对方。有时候他用以攻击的语言很难听。刚开始，对方还会解释或者争辩为什么没有接他的电话，但后来，对方就会感觉被控制了。王先生要求知道对方任何时候的行踪，对方起初以为王先生在意自己，但渐渐地越来越觉得不对劲。

王先生和女朋友只要一见面，就会因为对方没接电话，或者其他问题而争吵。最后，争吵升级，王先生开始不理会对方，因为他感觉自己的爱没被对方理解。

很显然，这是典型的矛盾依恋型关系模式的表现。当女朋友不在时，王先生觉得很不安，并用各种方式表达自己的不安，要知道女朋友在哪里。而当女朋友在身边时，王先生又很排斥，会看到对方身上有太多不让自己满意的东西。王先生在幼年就曾深深地体会到这些感受。

王先生的妈妈是外科医生，事业心很强；他的父亲是地质学家，长年不在他身边。王先生很小的时候，是被妈妈和一个16岁的保姆带着的。王先生的妈妈参与急诊，经常半夜接到去医院的通知，只能让保姆带他睡觉。保姆年轻，没有带孩子的经验，在那个年龄又很贪睡，所以，很多时候王先生哭了，保姆也不知道。妈妈经常忽然消失，不知道什么时候回来，而替代妈妈的照料者又很糟糕，因此王先生的不安全感和对照料者的矛盾心理就逐渐形成了。

那王先生为什么能很好地处理工作中的关系呢？很简单，维系工作中的关系不需要用太多情感，可以通过思考，并用技巧完成。事实上，王先生也没有太多真正的好朋友。

他用婴儿时对待妈妈的态度对待身边的每一个女性。一旦他产生情感上的依恋，不安全感就接踵而至。他很想弄清楚对方在哪里、什么时候回到他身边来安抚他的不安。但当对方回来的时候，他又要表达出自己因为不安而体会到的挫折感，为了说明自己受伤了，百般刁难对方。

◇ 用母爱建造宝宝的情感

妈妈内心的依恋关系模式会直接影响宝宝对妈妈的依恋模式，所以妈妈能自我觉察就显得更重要了。

我一直强调妈妈们要做学习型、觉察型的妈妈，这是为了避免妈妈们在自己没有意识到的情况下影响宝宝的心理发育。孩子的问题，往往是父母的问题。

宝宝在学习爬行、走路、游戏的过程中，都会观察妈妈的反应，在感受妈妈会不会离开自己，如果他们观察到妈妈反应积极，不会离开自己，那他们就可以放心地探索更多。我这里说的不会离开，并不是指空间、物理上的，而是说心理上的，这就需要宝宝内心有一个安全的、值得依恋的妈妈形象。当这个形象根植于宝宝的无意识中时，宝宝的内心就踏实了。

妈妈如果要长时间离开宝宝，必须为宝宝安排一位稳定的、可替代妈妈的照料者，而且要给宝宝一个适应过程，可以从短时间离开宝宝开始；即便妈妈要短时间离开宝宝，也需要给宝宝一个可以替代妈妈的玩具。宝宝越小，妈妈离开宝宝的时间越不能太长。尤其对于不满两岁的宝宝，建议妈妈尽可能地创造条件给予宝宝更多的陪伴，给宝宝一个美好的成长开端。

看着宝宝慢慢长大，是一件很琐碎、很复杂的事情。母爱的伟大，就在于它的宽容与持久。

4.2　宝宝哭了，怎么办
——父母稳定的爱与信任，给孩子延迟满足的能力

豆妈：长进了，变着花样哭 ／ 1 岁

其实 1 岁的豆子已经很少哭了，他在更多时候会哼哼唧唧地表达自己的需求。但是在学会说话之前，哭还是他无法放弃的表达方式之一。

很明显，豆子大了，长进了，会好多种不同的哭法，我一听豆子的哭声，就知道他想要什么。当然，这也有我不断练习听力的功劳，表扬自己一下。

我给豆子的哭法做了总结：

豆子大声哭，声音洪亮有力，就是在说"饿了，饿了"，我就要给豆子拿奶！

豆子的哭声尾音较长，绵软，就是在说"困了"，我就知道豆子要睡觉了。

豆子的哭声不规律，开头大，结尾小，就是在说"不舒服"，我就会想豆子热了？冷了？尿布湿了？不会生病了吧?!

豆子的哭声短促，两腿蜷起来往肚子方向收，我就知道豆子的肚子里胀气，他想打嗝。

豆子嘤嘤地小声哭泣，哭声断断续续，就可能是在说"妈妈批评我了，阿姨说我长得胖，好委屈……"

厉害吧，爱心让妈妈的耳朵像雷达一样，功能很强大。经过1年的锻炼，我耳朵的灵敏度显著提高，信息处理能力赶上英特尔酷睿双核处理器了。豆子，你就是上帝派来帮助妈妈修炼的那个天使吧？

一不小心又跑题，自恋瘾发作，总找机会表扬自己。实际上，我想表扬的是豆子，小豆子一直在进步，他是个好学的宝宝，一直在努力学习怎样表达自己，学习和爸爸妈妈沟通、互动。

他刚出生的时候，哭声清亮，但哭法比较单一，饿了、困了、尿了时的哭声基本都一样（或者区别微妙），常常使我忙而不得其法，甚至体验到相当强烈的挫败感。当然，换位想想，小豆子其实也很郁闷的，他拼命告诉我"我想睡觉"，我却硬要喂人家喝奶，想告诉我的是"尿布湿透了，换换吧"，我又来来回回地哄人家睡觉。什么妈妈嘛！

为了帮我进步，小豆子试图学会哭出不一样的声音，他似乎每天都在琢磨、尝试用不同的音频、音量、节奏来表达不同的需要。慢慢地，他真的掌握了几种基本哭法：要吃饭的、要睡觉的、要换尿不湿的、要抱抱的。学会了这些，吃喝拉撒的基本需求就可以被满足啦。

后来，豆子不仅长了个子，还长了脾气。他的要求得不到满足、心情不愉快时，有了新的表达方法——干号，他闭着眼睛使劲哭，小肚子还打挺，表示"我很不爽"，但是"光打雷不下雨"。

如今，豆子的哭声更有趣了。他会撒娇了哦。有时，他的哭声听起来并不伤感，他会一边哼唧，一边把小脑袋往我身上拱，呵呵，抱着小肉球的感觉好温暖、好贴心；有时，他会用哭声表达委屈，如果豆子被人家说成胖娃娃，他就会哭得好伤心。有一次，我闺密说他胖，他就嘤嘤地哭起来，闺密大呼："哎呀！好好玩，他还会这样哭，他还会委屈哦！"

豆子的哭还可以分为假哭和真哭。由于豆子演技有限，假哭时总是很容易被人洞穿，因为他假哭时没有眼泪。话说他小的时候（不满两个月）哭也是没啥眼泪的，不过那时候小人儿非常纯洁，不会假哭，凡哭必真，有需要时才哭。但现在不同了，小朋友成长得很快，有了很多情绪和自己的主意。他反抗时的哭，多数是假哭，比如在外面没玩够，被强行带回家时，他的哭声就很大，不过干巴巴的。豆子心里难过和身体不舒服时，情况就不同了，眼泪来得很快，泪腺发达了，"珍珠"是大颗大颗的。每逢豆子真哭，我们都很心疼，可见真哭是很有情绪上的感染力的。

从豆子6个多月大的某天开始，豆子嘴一撇，哭着喊了声"ma——"，简直让我惊喜交加，儿子会叫妈了哦！豆子最需要外援的时候，总是先哭着喊"ma——"。他只说了一个单音节，还是带哭腔的，就已经让我忙不迭地赶上前去嘘寒问暖了。

从那时起，豆子发"ma"这个音越来越清晰。随着年龄的增长，豆子也将学会用口头语言、肢体语言、表情等表达自己的情绪和情感。

亲爱的宝宝，妈妈期待着与你交流得更多，期待着你用稚嫩的声音说"果""苹果""要苹果""豆子想吃苹果"……

心理师爸爸的分析：被爱的宝宝才能具备延迟满足的能力

> 宝宝哭时，妈妈是否要即刻满足宝宝的需求呢？用什么样的方式满足宝宝才是最好的呢？好妈妈是在宝宝的哭声中学习出来的。这意味着：好妈妈要承受得住内心的焦虑，并节制自己的情绪；能够从哭声中理解宝宝的需要。

小豆子刚出生时很少哭，大多数时候很安静。这可能和他在妈妈肚子里很安全有关系，也可能是基因问题。

过了3个月，豆子哭的时候多了起来。而且，很有趣的是，现在他竟然会假哭。原来，哭是豆子的语言，是所有没有语言能力的宝宝用来表达自己的方式。哭不一定代表不愉快，很多时候哭代表有需要。

◇ 当宝宝哭时，不必过分焦虑

很多妈妈不能忍受宝宝哭，特别是一些焦虑的妈妈。这来源于母亲爱孩子的天性，但也与一些妈妈会把宝宝哭和自己联系起来有关，她们内心特别期待自己是完美的好妈妈，而宝宝哭会打破她们完美妈妈的形象。

其实这种联系并不合理，我们要通过正确的认知以及思维打破它。但很多焦虑的妈妈不能打破这样的关联。她们不是因为做了妈妈才焦虑，而是本来就有易焦虑的性格。一些"强迫性神经症"患者反反复复地洗手，在他们的意识中，他们很清楚手并不是很脏，没有必要这样洗，但他们控制不住。因为，当他们这样想的时候，头脑中会有另一个声音告诉自己，必须这样做。这让他们备感苦恼。焦虑的妈妈也有这样的苦恼。她们一方面会想，孩子哭是很正常的，另一方面又会怀疑自己做妈妈的能力，会想是不是自己做错了什么才让宝宝不舒服了。

　　焦虑的妈妈是自恋又自卑的妈妈。她们自恋的根源是自卑，所以她们都想做世界上最好的妈妈。那她们的自卑又是怎么来的呢？其实每个人都会在某些方面有点自卑，这是正常的，但如果我们总怀疑自己和指责自己，我们就会把这样的自卑放大、泛化。

　　我们说希望越大，失望越大。对我们自己来说也是如此。我们对自己的期望越高，挫折感往往就越强。因此，我们要放下一些自我期望，懂得爱自己，这样我们会更轻松。毕竟，我们是人，自我宽恕很有必要。况且，对自己要求高的人，对身边的人也一定要求得很高。不能接受自己的人，同样很难接受别人。如果长此以往，我们就会成为经常指责、评价别人的人。

　　妈妈们应该告诉自己，不要对宝宝的哭过分焦虑，要用心去体会，分辨宝宝哭声中的含义。妈妈们应成为翻译机，通过积累经验，把宝宝的哭声翻译成：我饿了，我困了，我疼，我要妈妈抱，等等。能否第一时间听懂宝宝的需要，确实是判断一位妈妈是否合格的标准之一。

◇ 让宝宝学会等待

宝宝在用哭来表达需要和情感时，对妈妈是有期待的，宝宝希望妈妈能即刻满足自己的需要，最好不要让自己等待。

宝宝哭时，妈妈是否要即刻满足宝宝呢？用什么样的方式满足宝宝才是最好的呢？我们在前文中说过，在孩子生命的初期，父母要做完美照料者，尽可能及时满足孩子的需求。但随着时间的推移，在宝宝满1岁以后，就要慢慢让宝宝学会适时等待一下。这样做可以训练宝宝延迟满足的能力。

什么是延迟满足？延迟满足，其实就是能够推迟对欲望的满足，并且在等待时不焦虑，不愤怒。许多人的这种能力都很差，这和他们在婴儿时期获得满足的方式有关。以下两种父母都会给宝宝不当的满足方式。

溺爱型父母，也就是过"好"的父母。

比如3岁的宝宝仍然在想要任何东西时都能马上获得满足，哪怕父母认为他们的要求不合理，也会因为舍不得让他们失望，或者受不了他们的哭闹、央求、打滚撒泼而答应他们的要求。这些父母不知道，溺爱并不能让孩子满足，被溺爱的孩子的攻击性其实很强。为什么呢？其实很简单，溺爱往往也意味着过度保护，被溺爱的孩子可能缺乏某些方面的能力，所以在成长过程中，他们的自我成就感会被剥夺。这会导致他们很不舒服、很无力、容易愤怒。他们的这种感受称为"不能容纳焦虑感"。

不负责任型父母。

这样的父母会让宝宝在被照料的过程中，一直处在不满足的状态中。

　　有个30岁男人的其他方面还好，但是经常在关于吃的问题上出现心理冲突。他不能忍受饥饿，一旦感受到饥饿，他就会变得很焦躁，甚至很愤怒。原来，他在婴儿时期食量比较大，而他的妈妈又按照正常婴儿的食量喂养他，因此，他差不多几个月一直处在饥饿状态中。这样的饥饿状态是容易让人感受到死亡的恐惧感的。他成年后能够自我满足时，情绪是比较稳定的，一旦要依靠别人才能获得满足，却又得不到满足时，那种童年时体验过的恐惧就直接从无意识中浮现出来了。如果他被告知12点能收到自己订的餐，但送餐的人遇到交通堵塞问题或者其他问题，12点10分还没有将饭送到他面前，他就会产生焦虑情绪，就会变得很烦躁，甚至很愤怒。这就是不能"延迟满足"的情形。

◇ **培育宝宝的延迟满足能力时要注意什么**

　　前面说过，至少要在宝宝满1岁以后才能培育宝宝延迟满足的能力，为什么呢？因为，获得延迟满足的能力是心理发育的一个标志，是建立在一定的认知能力、思维能力和自我控制能力基础上的。比如，一个孩子决定是否现在就要吃到巧克力，他得了解：谁能给他巧克力？这个人现在有没有空？愿不愿意给他巧克力？同时他得想明白：巧克力不是非吃不可的，不吃也不会威胁到生命，可以晚点吃；此外，他还得能控制自己急迫的情绪，不会因为不能马上吃到而发火、伤心……很显然，这一切都不是很小的宝宝能够想清楚的，因此，很小的宝宝不具备拥有延迟满足能力的条件，他们需要慢慢发展这种能力。

随着宝宝身体的发育，宝宝的感知觉和思维能力都有了很大程度的发展，可以清楚地认识妈妈和其他照料者，对周围的环境逐渐熟悉，同时他们的小手越来越灵活，会自己拿奶瓶，腰部也越来越有力，开始学着独自坐立，总而言之，他们照顾自己的能力比以前强多了。同时，从心理方面来讲，经过与妈妈长时间的相处，宝宝感受到了妈妈的爱，对妈妈是信赖的。这个时候，宝宝对妈妈给的小挫折才会有一定的承受能力，他们知道即便妈妈没有马上喂自己喝奶，妈妈也是爱自己的，总会喝到奶的，能感受到这些的宝宝就具备了逐步发展出延迟满足能力的条件。

但是父母们仍然不能操之过急，得一点一点来，给宝宝提供满足时，逐渐延迟1分钟、2分钟，乃至10分钟。父母们要注意，训练的度要与宝宝的能力相符合，如果超出了宝宝的现有能力，就是对宝宝有不合理的期待了。

宝宝刚出生时，基本上获得的都是及时性的满足。等到宝宝大一点了，许多妈妈就可能要去做自己的事情，**当宝宝发出哭的信号，妈妈不能马上满足宝宝的需求时，一定要先安抚一下宝宝，让宝宝接收到"等一会儿，妈妈在关注我"的信息，这就是延迟满足的心理基础。**假如妈妈在这个过程中只顾做自己的事情，把饿得哇哇直哭的宝宝一直扔在一边，那宝宝体会到的恐惧感就会是创伤性的。有时候，一些妈妈没有意识自己应该怎么做，比如宝宝饿得直哭时，她们可能正在热奶。如果妈妈这个时候能给宝宝一些安慰，哪怕只是回应一两声，宝宝就会感觉好很多。

好妈妈都是在宝宝的哭声中学成的。这句话有两个意思：一、好妈妈能承受得住内心的焦虑，并节制自己的情绪，特别是在宝宝哭的时候；二、好妈妈能够根据宝宝的哭声，理解宝宝的需要，爱是以尊重宝宝的需要为前提的，而非自以为是。

其实，延迟满足能力的培养往往有一个自然的过程，因为没有人可以做到真正意义上的完美照料者，宝宝承受挫折是必然的，但只要宝宝知道爸爸妈妈是爱自己的，宝宝就能承受得起这些挫折，也能够在受挫后修复与补偿自己的内心，然后进一步发展心理能力。父母稳定的爱与信任是宝宝发展延迟满足能力的根本前提。

4.3 我要的，是你温暖的拥抱
——爱的表达缓解宝宝独自面对世界的孤独

豆妈记录：我要的，是你温暖的拥抱 ╱ 1岁2个月

我是一个拙于表达的人，虽然经常在文字中"耍嘴皮子"，但那是对于生活中嘴笨的补偿。其实，我所说的表达不仅局限于语言。

我在受教育的过程中，没学习过怎样表达情感和意愿，所以我至今不会说"要"，我总是羞于提出自己的需求，在内心把"要"与贪婪、自私、不客气挂钩了。其实在很多情况下提出要求是理所应当的，可是我的要求在被我用语言表达出来之前，要经过我内心的重重阻碍，因为我总感到忸怩不安，一个正常的需求常常先被我自己"非分"化了。

我还不会说"不"，每逢别人提要求，我的脑子就赶不上嘴巴，来不及想就答应了。事后，我左右为难，圆不了场子，有时候豆爸训斥我："自己都站在烂泥坑里还想帮别人上岸，搞什么名堂！"其实我也很郁闷，为什么那个"不"字就那么难说出口。

豆爸还对我的另一项表达障碍颇有微词——承认错误障碍症，"我错了，对不起"是我断断讲不出口的，歉意在心口难开。我宁可把家里所有的家务包揽下来，以行动表达歉意，也不可能说那一句话。

这是我在表达方面的障碍，而豆爸也自有他的软肋——难以对他人嘘寒问暖。譬如某次我的膝盖意外摔伤，鲜血淋漓之际，他居然先很恼火，继而无奈，终究没有对我说一句安慰的话，也没有给我关切的眼神，这使我寒心不已，我当即确定他其实不爱我。后来，他给我做了很多思想工作，才摆平此事。据说他自己小时候摔得"七荤八素"时就是先被狠狠地批评一顿才去医院的。

许多长辈认为爱是无言的，忠言逆耳和良药苦口，但这种爱的教育使我们在表达上落下了毛病，给我们的生活带来不少麻烦。我和豆爸的结合，给我们的家庭制造了不少事端。可见，学会表达自己的情感和意愿多么重要。如果我们能够诚实地表达自己，别人就能够清晰地了解我们，沟通就会顺畅很多。

我们都不希望这些障碍阻碍豆子的成长，有了我们的前车之鉴，豆子应该得到改善后的教养。作为豆子生命中最亲近的人，我和豆爸要让他感受到温暖的爱，也要让他学会给予他人温暖的爱。爱，不是硬生生的，也不是一定要被深藏在心里的，是可以触摸和表达出来的。

可是，冰冻三尺非一日之寒，我这30年"病史"的顽疾不是那么好改的。豆子刚出生不久时，我抱着他，在他耳边呢喃一句"妈妈爱你"都会脸红，觉得有点肉麻。我很羡慕有的妈妈可以无所顾忌地与宝宝亲昵，用嫩生嫩气的"娃娃音"和宝宝交流，听到那种声音，我会一激灵，冒起很多鸡皮疙瘩。

好在豆子很宽厚，他不介意我在这方面"低能"，而是耐心地等我成长，真诚地跟我互动。每当我突破心理障碍，和他亲昵时，他都会表现出很愉悦的样子，以示对我的鼓励。豆子很享受我和他叽里咕噜地聊天，很享受和我一起躺在地板上互相挠痒痒，最喜欢做出点小成绩后（比如搭了一块积木、自己喂了自己一勺饭），看到我非常惊喜的表情和夸张的表扬。

一来二去，日积月累，我已经有了长足的进步，再也不会羞得红着脸对豆子说"我爱你"了，也开始捏着嗓子学小蚂蚁说话，装大笨熊和豆子玩，还可以做出极度夸张的表情。我越放得开，豆子笑得越疯。

这时的豆子有独特的表达方式——抱抱。这是一种最原始也最有力的表达，从宝宝出生开始，他们就在妈妈的怀抱中成长。他们冷了、饿了、想睡觉了、不舒服了时，温暖的怀抱都可以带给他们满足。

记得豆子6个多月大时，总莫名其妙地哭，情绪很低落。他不会说话，我们只能把猜到的需求都送到他跟前，可他还是不满意，经常皱着眉头，嘤嘤地哭。豆爸说，赶上豆子的低潮期了。我觉得有道理，女人每个月都有固定的低潮期，男人的低潮期据说周期不一，有的每月一"低"，有的每季度一"低"，我们家小豆子可能也会有心情的潮汐。怎么办呢？抱抱。不是有拥抱疗法吗？我静静地抱着小小的豆子，轻轻抚摸他的后背，几分钟后，他就安静下来。豆子舒服了，脸上露出了安逸的表情。原来，宝宝要的是温暖的拥抱。

尝到了甜头的豆子会说的头一批词汇中就有"抱抱"，豆子使用这个词的频率很高：走路累了要抱抱，游戏玩腻了要抱抱，睡觉之前要抱抱……这些都是他要的抱抱。豆子会主动用抱抱表达他对爸爸妈妈、爷爷奶奶、外公外婆的爱。豆爸下班回来后，豆子就会屁颠屁颠地"跑"过去，给豆爸一个抱抱，表达他很想念一天没见着的爸爸，乐得豆爸一张大脸笑开了花。

宝宝在向我们学习如何表达自己，我们也在向宝宝学习怎样单纯地表达、直接地沟通，但愿，豆子的世界里没有那么多曲折的表达，少一点虚伪和谎言。

心理师爸爸的分析：爱的表达让宝宝更自信

> 身体接触满足宝宝"融合"的愿望，而分开带给宝宝的是要独立面对这个世界的信息。宝宝在学习独自面对世界时，虽然会有成就感，但总会感到很孤独。宝宝还没有能力靠自己面对孤独，这种感觉会在拥抱中得到缓解。

每个宝宝都需要拥抱，每个成年人也都需要拥抱。抱，代表亲近，代表爱和相互保护。当宝宝想拥抱你时，说明他爱你，他也渴望被你爱。拥抱，本身就是爱的表达。

◇ 羞于拥抱，往往曾经受挫

在复杂的环境里，人和人之间表达情感太难了。很多人之所以不会表达自己的需要，是因为他们曾经在表达需要的过程中多次经受挫折。

许多家庭的物质条件不是很好，父母为了维持家里的生计已经很疲惫了，难以关注孩子的精神需要，经常粗暴地回应孩子的表达。这会给孩子在表达情感方面带来挫败感。当孩子成人后，依然会无意中回忆起父母是怎样对待他们的。

片段一：年幼的宝宝看到刚下班回家的妈妈很开心，张开双臂扑过去，妈妈抱了他。但是，忙碌了一天的妈妈实在太疲惫了，抱一下他，就把他放下了。很显然，他是不愿意的，很无奈。他产生了怀疑："妈妈是不是不喜欢我了？"

片段二：宝宝见到妈妈或者爸爸很开心，想让妈妈或爸爸抱一下，但是妈妈或爸爸很忙，直接拒绝了他，告诉他，自己玩去。他很难过，但只能接受，同时怀疑自己是不是坏孩子。

片段三：当宝宝满心欢喜地想要妈妈或爸爸抱的时候，妈妈或爸爸手里正抱着弟弟或者妹妹，他很妒忌，但还要表现出很懂事的样子。

片段四：宝宝在妈妈怀里很开心，但妈妈告诉他，老要抱抱的孩子不是乖孩子。他很害怕自己成为坏孩子，所以就很少再要抱抱了。他开始压抑自己的需要。其实妈妈拒绝他的理由只是因为累了。

当然，成人只有在心很静、关注自己内心体验的时候，才会回忆起这些被深埋的片段。这些片段总是让人伤心的，这样的体验往往成为我们羞于要拥抱，或者拒绝拥抱别人的原因。不过，除了挫折体验外，青春期与异性父母拥抱会让孩子对性产生冲突性的认识，这也可能成为孩子拒绝拥抱的原因。

◇ 爱的表达让宝宝更自信

宝宝半岁内，基本上是被动与别人拥抱的。过了半岁，宝宝就开始主动要拥抱了。

宝宝主动要拥抱时，就会有所期待。当宝宝的期待得不到满足时，就会产生挫折感。宝宝解决挫折的最简单、直接的方式就是表达悲伤，或者愤怒。很多宝宝八九个月大时，脾气比较糟糕，会因为某些需求不被满足而哭闹不止，实质上他们很可能就是缺乏爱的宝宝。经常处于缺乏爱的环境中的宝宝就会产生比较强的攻击性，因为他们要表达自己内心的缺失感，而这些宝宝攻击的对象，是让他们产生缺失感的"坏妈妈"。

英国儿童精神分析师克莱因对于2岁内儿童的心理有非常深入的研究，根据她的观察，**获得更多照料的宝宝思想灵活、自信心强、性格外向，这主要是因为宝宝被满足后，也会认为自己满足了照料他们的人。**这是一个互相给予的良好过程，宝宝的"我满足妈妈"的幻想，实际上是通过宝宝的感受被接纳产生的。拥抱就是一种接纳的方式。**如果用拥抱等方式传递爱的互动过程是顺利的，宝宝会更加自信。自信的基础不是获得多少，而是给予多少。**这有点类似于很多热衷于做慈善的人在给予的过程中获得自我实现的满足感。

自信的宝宝能更好地发展他们自己，在人格上更独立。人格独立的宝宝更能体会自我价值。我没有想过培养一个天才，但我一直希望能培养出一个心理健康、自我价值感高的孩子。

豆子是幸运的，因为豆妈能够意识到自己身上的局限性。有人说好妈妈是学习出来的。我想加一句，好妈妈是懂得自我觉察的。

4.4　照镜子
——照镜子，是宝宝体验自我的重要时刻

豆妈记录：宝宝照镜子 ╱ 1岁3个月

镜子是个神奇的东西，光洁明亮，方寸天地间，映照出人生百态。照镜子，会照出自信，照出美丽，因为镜子可以帮助宝宝认识自己，发展自我意识。

在上述理论的指引下，豆子两个月左右就开始照镜子了。从豆子照镜子的历程中，我们得以窥见孩子的心理正在逐日发展。

初照镜子时，对于镜中那个小人，豆子觉得索然无味。我把镜子放在他眼前时，他一点都不待见里面的人，目光停留在镜子上的时间不超过两秒。他才不关心镜子中的那个小孩是谁，两个月大的豆子活在自己的世界里。

但我锲而不舍地抱豆子去照镜子。每逢豆子午睡醒来，我就抱着他站在穿衣镜前。豆子4个月大时，我抱着豆子照镜子时说："这个宝宝是谁啊？"有趣的是，豆子没有看着自己笑，而是对着镜子里

的我笑了。

接下来,豆子开始注意到镜中的小胖子,每次照镜子,我问豆子:"这是谁啊?"豆子就看着镜子里的"豆子"咧嘴笑,憨厚无比。看得出,他很喜欢那个小胖子。我握着他的小手,一边教他摸摸镜子里的豆子,一边说:"来,拍拍手,好朋友。"豆子就欢畅地和镜子里的豆子拍起手来。这个动作重复多了,每次抱着豆子经过穿衣镜时,他都会伸手去薅一把。7个月大的豆子牢记镜子里是有个"小朋友"的,而且那个"小朋友"和他一样,是个小胖子。

凡事过犹不及。每天照镜子,豆子终于腻烦了。他热情洋溢地拍打镜子,却从来抓不出里面的那个"小朋友",于是豆子不照了。抱他站在镜前,他就扭头看别的地方。至此,照镜子游戏中断了一段时间。

现在,豆子1岁多了,他已经不再是那个啥也不懂的小屁孩儿,有了自己的主意。他知道用手指着某个东西表示"要";必要时,他会大喊"要,要";他知道对于不喜欢的东西要一把推开,态度坚决,要将头甩得像拨浪鼓一样。为了检测他的自我意识发展到什么程度了,好事的我做了一个经典的实验:在一个月黑风高之夜,趁豆子熟睡时,在他鼻头上抹上一抹口红。

早上,不明就里的豆子被带到镜子前,实验结果马上就要揭晓。他应该会选择两项答案之一。答案A:他心生疑惑,继而用手摸自己的鼻头。这说明,他看到镜子里的"小丑"时,意识到那是他自己。答案B:他无所作为。这说明,他认为镜子里的"小丑"是另一个人。

实验证实,豆子又长大了一点,他选择了A!哈哈,有趣的宝宝从镜子中认出了自己。

心理师爸爸的分析：发现自我，认识自我

> 照镜子是体验自我的重要时刻，宝宝会通过照镜子认识
> 自我，形成内心的自我形象，进而发展个体的人格。

"以铜为镜，可以正衣冠""以人为镜，可以明得失"，镜子给人们提供看自己的地方。

豆子几个月大时，并不知道镜子里的"小朋友"就是自己。不过，镜子里有个妈妈开心地看着自己，豆子既好奇，又开心。豆子开心不是因为镜子里有个豆子，而是因为镜子里有一个和蔼、充满爱意的妈妈。

◇ 镜像理论

孩子 6 个月大后，妈妈要做积极的回应者。温尼科特提出过一个概念——镜映功能，对此概念有一个经典阐释：当我看到我被凝视，我就存在。当一个孩子看到妈妈的笑脸对着他时，他就会认为：妈妈笑，他就存在了。这就是镜映功能。试想一下，若一个孩子睁开眼睛时，看到的是妈妈悲伤、抑郁、焦虑或面无表情的样子，那么这个孩子的感受是什么样的？若这个孩子发现妈妈并不关注自己的存在，那么他的体验又是什么样的？有些妈妈特别"负责任"，每时每刻都会因为担心自己没有成为好妈妈而焦虑，这样的妈妈就不会在凝视宝宝的过程中传递积极的情绪。

对于宝宝来说，帮助他们看到自己的不仅是玻璃做的穿衣镜，他们接触的每一个人都可以成为一面镜子。美国心理学家库利提出

的"镜像自我"理论认为，自我是在与他人交往过程中根据他人对自己的看法和评价发展起来的，自我发展的过程在人的一生中一直进行着。库利将这样的过程形象地比喻为：将他人看作镜子，这些镜子可以照出我们自己的样子，而我们从镜子中看到的那些样子就构成了我们的自我。

宝宝是通过镜像来完成成长的。他们通过别人，看到自己。

我们常说孩子遗传了父亲或者母亲的脾气、性格，实际上，孩子与父母性格的相似性更多地来自教养和环境的影响。宝宝会通过别人身上的镜像形成自我，并具有相应的性格。

◇ 妈妈是宝宝人生中的第一面"镜子"

作为宝宝人生中的第一面"镜子"，妈妈起到的镜像作用非常重要。

前面说过，妈妈对宝宝的态度可以让宝宝直接体验到自己。一个抑郁的、焦虑的妈妈照顾自己都吃力，更谈不上照顾宝宝了。将这样的妈妈作为镜子时，宝宝能看到什么呢？

豆子有很多同月龄的小朋友，他们经常被大人们推到一个地方一起玩耍。仔细观察这些宝宝，我们就会发现每个宝宝的表现都不一样。有些宝宝比较外向，有些宝宝就显得比较敏感。通过宝宝的表现，我们基本就能推测出他们的妈妈是什么样子的。

宝宝会以身边亲密的人为模仿对象。当妈妈扬起手做出要"打"的样子时，两岁左右的宝宝会很开心地也举起手，这时候，妈妈就是镜子。许多妈妈说自己的宝宝乱扔东西，乱发脾气，我会问这些妈妈一个问题：你的脾气好吗？

一个内心充满爱、性格稳定、安全感较高、能够很好处理情绪的妈妈就像一面平滑光洁的镜子，宝宝在这面镜子里看到的自己是客观、真实的；一个情绪不稳定、性格偏激的妈妈就好比一面哈哈镜，宝宝在里面看到的自己是变形的。

我有一个接受团体心理治疗的小组，其中有9个成员。我们每周进行一次团体活动。团体心理治疗的好处在于在安全的环境里有很多面"镜子"，大家可以自由地表达自己的感受，并能获得反馈，团队成员可以在这样的活动中解决一些因为自己的猜测而带来的困惑和人际关系问题。前些天，最新加入的成员介绍完自己以后，就沉默地看着大家，大家也很沉默。一般来说，新成员的加入会让老成员比较好奇。大家沉默一会儿以后，我问新成员的体会和感受。新成员说出了一个判断："大家可能不喜欢我，而且对我说的话题不感兴趣。"

在团体治疗小组中，团队成员比较开放、真实、不虚伪。我让大家对刚才的沉默做出反馈时，虽然每个人给出的反馈都不同，但没有任何一个成员表示自己不喜欢这个新成员，大家对新成员很感兴趣。当大家将这些信息反馈给新成员后，她很吃惊。她一直认为自己是一个不被人喜欢的人。

在与团队成员展开分享的时候，她说出了自己的经历。她是家里的老二，上面有姐姐，下面有弟弟。她家在农村，出生后父母帮她算命，说她命硬，克父母，克弟弟。父母迷信，因此在她很小的时候就把她送到了外婆那里，由外婆带。她的外婆是一个很急躁的人，脾气很不好，特别是知道这个孩子命不好后，对她不是很好。她说，小时候每次回家或者妈妈去外婆家时，妈妈总是皱着眉头看她，脸上有可怜，也有嫌弃，所以她从小对自己的评价就是不被人喜欢的人。她长得很漂亮，但直到 25 岁都没有一个男孩追求她。她来参加小组是因为不能控制自己的情绪，和公司里的每一个同事都吵架。

我们仔细观察她的表情时会发现，她看任何人或者对任何人说话的时候都皱着眉头，脸上带着不屑。也许，这就是早年她在她妈妈那面镜子里看到的自己吧！

更让她痛苦的是，她一点都不喜欢自己，又对别人是否喜欢她非常敏感。她把自己定位为"不被人喜欢的人"，又要求别人喜欢自己，很矛盾啊！这就是真实的她。她不喜欢自己的妈妈，又发现自己越来越像她，为此很痛苦。

一面平整的镜子会受到很多人的喜欢，大家都会在那里照一下，看看自己。这就是为什么有些人特别容易给别人和蔼亲近的感觉。这一切的起源是那些人从儿时起就有一面平整的镜子，这面镜子可以让他们发展真实、稳定的自己。很多时候，心理治疗师其实就是在做一面相对光滑、平整的镜子，让来访者看到真实的自己，调整自己。

做好宝宝的第一面镜子，妈妈们需要努力让自己成长。懂得觉察和自我成长的妈妈才会心灵健康，才能做好光滑的镜子。

4.5　大花园里的例行早会
——宝宝的"社交"为将来的人际互动打好基础

豆妈记录：宝宝的例行早会　／　1岁3个月

今天起晚了点，拾掇好豆子都已经快9点了，我胡乱塞了两个小包子下肚，赶紧收拾东西出门，不然要迟到了。

每天9点，豆子要开会。开会地点在社区的大花园，与会人数有时多点，有时少点，要视当天的天气情况和各"会员"的作息时间而定。

经常参加会议的主要有豆子、多多、派派、嘟嘟、文英、曼玉等十来个人，他们平均年龄1岁左右，还有部分不定期参加会议的人员，比如思思、小鱼儿、土豆等。

参加会议的还有"工作人员"，分别是我、多多妈妈、派派阿姨、嘟嘟外婆等，我们主要协助会议正常、有序地进行。

我和豆子赶到大花园时，已经有5个宝宝到场了。看见豆子，大家热情地招呼："哟，豆子哥哥来啦！"坐在小推车里的豆子抿嘴一笑，露出憨厚的本质。我心想，应该教教他举手示意的动作了。等大家跟他打招呼的时候，豆子如果能把胖手微微扬起，而后往下按按，同时配合以稳重的笑容，多有范儿啊。这么想着，我也露出了一副憨笑。

大花园里有一片很开阔的草坪，此时正值"春风吹又生"的光景。诸位工作人员把宝宝们从推车里抱出来，放到草地上，给他们开茶话会（以奶代茶）。6个宝宝席地而坐，开始自说自话的会议。

多多是行动派，坐下没多久，见大家没什么话说，就飞快地爬向远处了。眼见与自己"青梅竹马"的妹妹健步如飞，却无法亲力追逐，豆子很无奈。虽然豆子也会爬，但比起苗条的多多，豆子的速度慢了许多。所以，他一直目送多多，他知道，不久，多多会爬回来的。

嘟嘟开始给大家发那种长长的手指饼干了。小朋友要学会分享，嘟嘟就做得很好，她在妈妈的指导下，把饼干一一递给旁边的小朋友。大家坐成一圈儿，咂巴着冒了2、4、6颗牙的嘴巴，吃得很欢。注意，多数小朋友都能在拿到饼干的第一时间准确地将饼干往嘴里塞，但问题就出现在他们吃完半截饼干后——还有半截攥在他们手里。他们咬不着，拼命啃手，却不知道放开手。这个时候，一旁的工作人员就会表现出不同的"素质"，有的会帮助宝宝张开手，吃到剩下的那截饼干；像我这种"素质不高"的妈妈，不但不帮忙，还在一边幸灾乐祸地坏笑。

大家吃饼干的速度不一样，男孩吃得要快一些。他们吃完之后没事儿干，派派开始揪地上的青草玩儿，然后投桃报李，将青草送给发他饼干吃的嘟嘟。派派很殷勤，把青草递到嘟嘟嘴边。盛情难却之下，嘟嘟张口吃草，没吃两口，就被嘟嘟外婆及时制止了。不过大家对派派献殷勤的行为都很欣赏，说派派真是好男生，这么小就知道要照顾女孩了，长大肯定有出息。

豆子旁边坐的是比他小3个月的妞妞，他扬起小手去拍妞妞，表示友善，但是妞妞不给面子，哇的一声哭起来，这实在令我很汗颜。我赶紧握着豆子的胖手，说："豆子喜欢妞妞妹妹，你想摸摸她是不是？要轻轻地摸哦。"我一边说，一边把着豆子的手去摸摸妞妞的小手，让豆子感觉力度的大小，对他们说："握握手，好朋友，豆豆和妞妞是好朋友哈。"

小朋友之间的交往是需要大人悉心引导的，我们得教他们怎么跟别人表达好感和做朋友的意愿，不然他们会自己开发拍拍打打等很猛的方式，然后又会因为不恰当方式带来的结果体会到挫败感，为他们形成不良的人际关系开端。

茶话会结束后，大家帮助宝宝们开展了热烈的爬行比赛、走路比赛，家长们普遍发现同月龄的女孩子成长得比男孩子快，摸爬滚打等系列"武功"都领先男孩子一个段位以上。

等宝宝们都折腾得灰头土脑之后，早会结束的时间差不多也到了，沐浴着快要升到头顶的太阳光，大家心满意足地回家准备午饭。走在路上，我心中不禁吟咏起那首流芳千古的好诗中的句子：

妾发初覆额，折花门前剧。

郎骑竹马来，绕床弄青梅。

同居长干里，两小无嫌猜。

心理师爸爸的分析：宝宝要建立自己的关系

> 宝宝找自己朋友背后的心理：有了自己的人际关系，在妈妈离开的时候，我可以和同伴在一起，这样，我就可以更好地应对变化着的世界。
> 群居，是人类的本能。

宝宝的集群活动是建立同伴关系的雏形。

让宝宝知道这个世界上有和他差不多的小人存在，能减少宝宝内心的孤独感。人是群居动物，这是天性。

◇ 宝宝的"社交"为与妈妈分离做准备

现在许多宝宝都缺少亲兄弟姐妹。把宝宝们集中起来，可以让他们有个玩伴。

1岁以内宝宝有妈万事足，但也要适当让宝宝接触同伴。豆妈的照料并不是豆子心理发育的全部条件。在这个阶段，豆子需要经历"分离"。这里所说的分离，就是要给豆子更多与妈妈分离的体验，当然这里所说的分离，是心理上的离开，妈妈依然是在宝宝身边的。

让宝宝到离妈妈不远的地方，自己玩耍一会儿，接触一下其他人，是很好的分离方式，可以推进宝宝个体化的进程。宝宝的个体化就是宝宝成为独立的个体，不再与妈妈是一体的。宝宝要在心理上从妈妈那里分化出来，作为独立的个体去感受世界。这样的过程是为宝宝将来要面对的分离做准备的。

◇ 宝宝的"社交"为将来的人际互动打好基础

宝宝在与其他人的互动中感受良好的情感体验，这样的情感体验直接植入宝宝的无意识中，为他们将来在人际互动中获得良好体验打下基础。经历给人们带来最直接的经验和体验，影响人们选择是否继续经历相同的事情。

宝宝在安全的环境下与其他宝宝互动的体验是愉快的、让他们感到满足的，他们就会因为想获得这样的经验而让这样的体验重复出现。仔细观察宝宝，我们就会发现，如果在宝宝 10 个月时，和他玩一个游戏，他会很开心，当我们再一次和宝宝玩相同的游戏时，他还是会很开心，那么之后，宝宝就会主动把游戏道具给我们，让我们和他玩那个让他开心的游戏。所以，稳定的互动经历让宝宝不断地获得满足感，宝宝就会主动要求和其他宝宝互动。这与豆子每天固定时间要求出门散步是一个道理。当出去散步成为固定时间要获得满足的愿望时，假如有一天到固定时间不出去，豆子会很焦虑。

喜欢聚会的宝宝，是喜欢建立人际关系的宝宝。如果人和人之间的互动让宝宝满足，宝宝就会更主动地参与人际互动。这样的过程会在人一生中不断重复。成年人也会因为某个饭馆的菜式给自己带来满足，而不断地去那个饭馆吃饭。

◇ 宝宝缺乏"社交"的后遗症

年幼的宝宝如果缺乏人际互动，每天只在妈妈或主要照料者身边活动，会导致什么样的情况呢？

我的一位求助者有个 13 岁的儿子，这个男孩在学校里从不喜欢和人交流、玩耍，常一个人坐着。13 岁本是一个很需要伙伴的年龄，但他仅有一个朋友。这个朋友会来家里看他，不过两个人在一起时也是各自看书，几乎不怎么交流。他的学习成绩可以，也喜欢看电视，就是不喜欢说话，也不喜欢和别人一起完成一些事情。

这位妈妈说，孩子上小学以后，孤僻的性格有所改变，但 8 岁以后，孩子就又变成现在的样子了。我问这位妈妈，孩子 8 岁的时候发生了什么，她说，孩子的奶奶去世了。

这位妈妈接着说，由于生孩子的时候产假有限，她在孩子 5 个月大的时候就上班了。她和丈夫是地质工作者，经常要出去勘探。几乎没有时间照顾孩子，一直让孩子的奶奶带孩子。奶奶把孩子照顾得非常仔细，也对他过于保护。他们住的房子没有电梯，每天上下楼麻烦，所以奶奶和孩子几乎不下楼。家务事基本由保姆代管，奶奶就专门照顾孩子。

她和她丈夫有的时候半个月回家一次，有的时候一个月回家一次，回去后只想休息，常常忽略带孩子出去。偶尔想带孩子出去的时候，奶奶也会用各式各样的理由阻拦。其实奶奶这样做主要是因为她自己不愿意下楼，又不想让孩子离开自己，哪怕孩子只离开一会儿，她都不愿意。这孩子在两岁内，很少接触外界，每天面对的就是他的奶奶和保姆。

孩子两岁后，把他放到同龄的孩子里面去时，他很不愿意，和小朋友们玩几分钟后，就开始要奶奶。她和她丈夫总认为孩子上幼儿园就好了，没太重视这个问题。等孩子上幼儿园后，问题更严重了。孩子不愿意去幼儿园，即使勉强去了，也是奶奶陪着去的。奶奶每天就在幼儿园的门房里等着孩子随时去找她。因为奶奶的坚持，学校老师也默认这种做法了。

孩子上幼儿园的3年里似乎一直没办法和小朋友玩到一起，但他很愿意接近老师，经常主动要老师的抱抱和保护。他很敏感，一点小事情都会让他很委屈，大哭，然后他就会去找奶奶。后来，幼儿园的小朋友因为怕他哭也就都让着他，不找他玩。

孩子上了小学后，这位妈妈和她丈夫换了工作，很少出差了，孩子的情况似乎有所好转。但孩子每天晚上还是和奶奶一起睡觉。孩子在小学3年级之前，也会和两个经常接触的同学一起玩，和爸爸妈妈交流、做些游戏。她一直认为孩子好起来了，谁知道孩子8岁时，奶奶意外去世，这让孩子一下变了一个人。

很明显，这个孩子只能与特定的人建立关系，而且依赖奶奶的程度很深，心理上一直没独立起来。因为没有完成与主要照料者的分离，也就没办法实现自我能力提高。奶奶去世突然，带给他的永久分离感令他无法接受，这让他与其他人互动的能力退到了2岁以内的状态。

让宝宝接触主要照料者以外的人，是让宝宝的依恋对象多一点。有道是，多个朋友多条路。

在"社交"中让宝宝体会和其他人接触的好处，可以让宝宝在获得满足的同时，喜欢上与别人建立关系。

从某种程度上说，人在这个社会上生存，一切都是关系。一个懂得建立人际关系的人，是强大的。当然，只有心理比较健康的人才能很好地建立人际关系。

4.6　躲猫猫
——你会陪宝宝玩游戏吗

豆妈记录：躲猫猫升级版　／　1岁4个月

早年间，躲猫猫是一项流行于"幼齿"群体的游戏，主要功能是增加童趣，增进友情，调剂单调生活。成年人多不屑此道。但是，俗话说了，看花容易绣花难，躲猫猫看似简单，却并非谁都玩得了，谁都玩得转。

3个月以内的宝宝不具备玩躲猫猫游戏的能力。你想啊，不到3个月的小婴儿视力那么差，啥都看不清楚，根本没有找猫猫的能力，更不要说躲起来这么高级的本事了。

◇躲猫猫基础版

3个月大的宝宝渐渐硬朗起来了，视力也好一些了，至少能认清楚亲爱的妈妈了。这个时候，妈妈们就可以展开躲猫猫基本版的教学活动了。教程如下：

妈妈当猫，用双手捂住自己的脸，假装自己不见了（这个时候宝宝就真的以为你不见了，多么纯真啊），在宝宝失望之际，妈妈突然拿开双手露出猫脸，宝宝会非常开心，因为他至爱的妈妈又回来了。

除了用手捂脸，妈妈也可以借助毛巾、纸巾等道具隐蔽自己。不要躲得太远，超过宝宝的视力范围就没人理你了，你只能很尴尬地回来，重新找近一点的地方躲。

注意，要从基本版玩起，不要用玩具代替妈妈，因为此时的宝宝最喜欢的就是妈妈，玩具不能充分引起他的兴趣。妈妈不见了，宝宝才会着急。宝宝非常想马上再见到妈妈，所以再看到妈妈时，会非常高兴。这样玩，宝宝才有乐趣。

◇ 躲猫猫升级版

宝宝6个月之后，肢体运动能力大幅度提高，坐起来没问题了，也可以用双手挥舞、比画了，伸手取物的功夫已经小有所成。这时，妈妈就可以和宝宝玩躲猫猫升级版：

我用双手捂脸，假装自己不见了（此时我在指缝中偷窥宝宝的表情），只见豆子不慌不忙，嘴角微翘，胸有成竹地挥舞胖手，把我的大手掰开——"猫脸"毕现。我惊呼："哎哟哟，被豆子找到啦，好棒好棒！"我一边夸张地大叫，一边卖力地鼓掌，豆子狂笑不已，一脸小肥肉乱颤，非常有成就感。

注意到了吗？升级的关键在于宝宝已经会有意识地主动寻找了，而且也具备了坐着和用手抓的能力。因此，游戏的欢乐系数也大幅提升。

◇ **躲猫猫再升级版**

豆子1岁之后，运动能力又上了一个台阶，爬行、走路等技能掌握得日渐熟练，每天屁颠屁颠地穿梭于客厅、卧室、书房等地。好吧，现在他的鬼心眼儿多了，不再满足于被我"调戏"，他要"反调戏"，要把自己藏起来，让我去找。

游戏开始，豆子主动当猫，让我去抓。不得不说，小豆子隐蔽的方法非常拙劣，基本上藏头露腚。他会撅着屁股把头埋在床底下，或者拿窗帘把自己挡住，下面露出一双胖脚丫。只藏半截也就算了，他还要大喊"妈妈，找"，笨啊，笨！

一个体贴的妈妈，就是要把自己放在和宝宝一样的位置上，不仅蹲下来时要和他一样高，智商也要和他的智商保持在同一高度上。小豆子又趴在床底下了，于是，我大呼小叫："豆子，你在哪里啊？"与此同时，我东张西望，将脚板甩得啪啪响。即使豆子大声喊"妈妈，这儿"，我也依然装作奔走寻找的样子。忙了一阵，我"终于"在床底下抓住豆子，和他热烈地庆祝一番，他又去藏起来了。

不要小看了这种再升级版的躲猫猫，它充分反映了豆子心理的进步。用皮亚杰的话来说，豆子已经有客体永存的概念了——他知道自己是永远存在的，妈妈是永远存在的，还有自己的小鸭子、小青蛙、大头爸爸等都不会消失，就算它们都被藏起来了，自己看不见了，它们也不会消失。换句话说，这个世界对于豆子而言是稳定的、安全的、可信赖的、可探索的。

随着能力不断发展，躲猫猫活动还可以不断升级，透过现象看本质，其实是豆子在不断成长。

心理师爸爸的分析：你会陪宝宝玩游戏吗

躲猫猫不仅是一种游戏，更是儿童最早使用的应对抛弃的手段之一。通过将妈妈的消失转变成游戏，宝宝获得一种控制力，这种能力会帮宝宝控制妈妈不在时的恐惧感。

豆子慢慢长大，心理也慢慢成熟。他终于不是妈妈一走开就会焦虑的小宝宝了，也终于明白，妈妈走开了，也总会回来的。这是豆妈稳定地陪伴的结果。

◇ **躲猫猫游戏的心理意义**

几乎每个宝宝在成长的过程中都玩过躲猫猫的游戏。喜欢玩躲猫猫是心理发育的阶段性标志，充分说明宝宝的认知能力、模仿能力和与妈妈分离后的抗焦虑能力、信任能力都进一步发展了。通过这样的游戏，我们可以观察宝宝的心理发育是否健康。

假如一个 2 岁左右的宝宝不能很好地玩这个游戏，那可能是一个比较严重的问题。在宝宝的心理成长过程中，他们必须经历几个阶段：我和妈妈是一个人——妈妈是我的一部分，或者我是妈妈的一部分——"好妈妈，坏妈妈"的分裂阶段，好妈妈离开我很焦虑——好妈妈和坏妈妈是一个人，虽然有时妈妈会走开，但她还会回来的。直到最后一个阶段，宝宝才完成与妈妈的原始分离。

玩游戏的过程是宝宝对未知的事物进行探索的过程，也是开发智力的过程。宝宝在寻找并找到妈妈的过程中，完成对自己能力的认同，获得满足感和成就感，这可以让宝宝更加自信。当然，与妈妈之间流动的爱是令宝宝更喜欢、更满足的。

◇ **走出玩游戏的误区**

有些妈妈没有经验，在和宝宝玩躲猫猫游戏的过程中掌握不好分寸和方法，也会给宝宝带来一些挫折体验。我见过一位妈妈在与宝宝玩躲猫猫的过程中，忽然开始处理一件事情，而宝宝还在等妈妈发出寻找的指令。那个宝宝很遵守规则，一直闭着眼睛站在原地。粗心的妈妈两三分钟后才想起宝宝还在等自己发指令。

还有一些妈妈在玩游戏的过程中心不在焉，敷衍宝宝，投入度不高，或者不经意地判断宝宝的某些行为。这些都会给宝宝带来挫折体验，甚至会导致宝宝对游戏不再有热情。豆妈说豆子是"笨笨"或许是一种爱的表达，但孩子听到这样的话时可能别有一番滋味。

我经常在观察孩子和他们的妈妈之间的互动以及关系模式时，分析这些妈妈带孩子的方式。这个习惯给我的职业带来很多好处。在这样的观察过程中，我发现了妈妈养育孩子的许多误区。

误区一：忽略在游戏的过程中与宝宝互动，认为玩游戏只是宝宝消磨时光的方式。

这样的认知会影响宝宝与妈妈的互动。我曾看到一位妈妈懒散地坐在草地上，看着2岁左右的宝宝在她身边探索。当宝宝拿着一棵小草或者一片枯叶回到妈妈身边，邀请妈妈一起玩时，妈妈却对宝宝说："哦，好看，你自己玩吧。"宝宝看看妈妈，很不舍得地把小草或者枯叶扔掉了。这位妈妈并不知道自己在影响宝宝的行为和体验，她已经在阻止宝宝探索能力的发展了。

宝宝看到自己感兴趣的东西，喜欢和妈妈分享，是表达亲密的一种方式，也是爱妈妈的一种表现，他们希望妈妈也像自己一样，可以感觉那个事物很有趣，可以很开心。但妈妈的神态、行为与语言有时直接就扼杀了他们的愿望。

有这种表现的妈妈往往要么正好有烦心的事情，要么自己也曾被这样对待过，不会保护宝宝的价值感和喜悦情绪。

宝宝在邀请妈妈分享喜悦时，对妈妈来说，比较好的做法是：

妈妈可以表现出对小草或枯叶的兴趣，并与宝宝进行参与性的互动，这会让宝宝感受到妈妈对自己探索的肯定，从而产生一种满足感。

误区二：控制宝宝，阻止宝宝玩某些游戏。

在宝宝玩耍时，妈妈会紧跟在宝宝身边，见到宝宝玩一下泥沙，就很大声地说："不能玩那个。"

这样的妈妈喜欢控制宝宝的想法，甚至宝宝对事物的兴趣也受她控制。这样的宝宝绝对是没有自我的，他们要么压抑自己的情绪，讨好妈妈，看妈妈的脸色行事；要么内心充满受挫的愤怒，很容易发脾气。

面对宝宝自己选择的游戏时，妈妈更好的做法是：

在确认安全的情形下放手，让宝宝去探索任何事物。衣服脏了，可以洗；宝宝摔倒了，让他自己想办法站起来。重视宝宝的需要是对宝宝最起码的尊重。

误区三：曲解宝宝真实的游戏需求，代替宝宝选择玩什么游戏。

宝宝很想玩一个游戏，妈妈可能觉得那个游戏很麻烦、需要的时间成本很高或者很无聊，所以就要求和宝宝玩另一个游戏。

这也是很多妈妈经常会做的事情。宝宝要河马玩具，妈妈认为宝宝应该玩漂亮的白雪公主。宝宝想玩躲猫猫，妈妈认为地板还没干，走来走去会留下很多脚印，要求宝宝玩"你拍一，我拍一"的游戏。

这样的做法可能会给宝宝带来挫折体验。宝宝的需要总是被曲解，妈妈就像是宝宝的替代者，替代他做决定，慢慢地，宝宝会很难提出自己的需要，在做决定时完全依赖妈妈。宝宝长大一点时，妈妈问："宝宝，你想吃什么啊？"宝宝可能会回答："你说吃什么就吃什么吧。"

独立自主是成年人的一个标志，孩子过于依赖妈妈很可能跟妈妈有关系。

如果宝宝在地板还没干的时候要玩躲猫猫，妈妈用这样的方法更好：告诉宝宝，现在地板湿，不适合玩躲猫猫，过一会儿就可以玩啦。

我有时候想，有上述三个误区的妈妈有什么共同点呢？

首先，她们都是控制型的妈妈，她们把控制看成爱，只是她们没有意识到这一点。

其次，她们都没有尊重宝宝的概念，没有把宝宝当成独立的个体，认为"宝宝是小孩子，我是妈妈，小孩子懂什么"。

再次，她们很焦虑，不懂得享受当下的快乐。

有爱，才有真正的快乐。豆妈可以在与豆子做游戏的过程中体会快乐，这样的快乐不仅满足了豆子，也满足了豆妈想做好妈妈的成就感，其实也可能满足豆妈曾经缺失的爱的体验。豆妈感受到豆子给她的爱后，再次传递给豆子，变得更加圆满。

4.7 小豆子坐飞机
——给宝宝积极的体验，陪宝宝接受新事物

豆妈记录：空中小飞人 ／ 1岁4个月

豆子在1年零4个月的人生旅途中，已经坐了8次飞机，我们建议他认字后写一本自传，讲一讲"空中小飞人是怎样炼成的"。

其实我们这也是将自己的意志强加给豆子，人家不见得乐意飞来飞去呢。毕竟，坐飞机的次数多了，可能感觉也就那么回事。只是豆子的外公外婆家、爷爷奶奶家都不在广州，迫不得已，我们才如此频繁地乘坐"大铁鸟"。

常坐飞机的人都明白，在飞行途中的感受其实挺单调的。伴随着嗡嗡的发动机噪声，大家在一个铁匣子里，基本只能坐在自己的座位上，等待到达目的地。窗外的风景还算漂亮，但不如火车、汽车窗外的景色丰富、有变化，舷窗之外，除了白云朵朵，还是白云朵朵。

作为大人的我和豆爸都不爱坐飞机，不知小小人豆子感觉如何。

豆子还不太会说话，我们只好根据他的行为揣测他的内心。我们得出初步结论，对于飞行环境的改变，豆子有他自己的适应方式，在不同情况下，豆子会有不同反应，最终呈现逐步适应环境的表现。

◇ 第一次，4 个月

豆子的"处女坐"发生在他 4 个月时，当时我要带他去成都。因为是豆子人生中的首飞，所以我们很重视，提前半个月从物质上到心理上做了准备。

物质准备包括列清单（飞机上宝宝可能用到的东西）、备齐证件、收拾妈咪包等。

心理准备包括和豆子谈心、渲染气氛，我们一直跟豆子说："宝贝要去坐飞机啦，飞机带我们飞到外婆家，豆子去找外婆咯！""豆子肯定是全飞机最小的乘客，4 个月就坐飞机，你真棒！"

也不知道他听懂没有，反正真要坐飞机的那天，豆子一起床就特别兴奋，精神大好！从家到机场的路上，豆子很乖，坐在豆爸腿上憨笑不已。

上了飞机，形势转变，豆子不笑了，趴在我肩头，开始瘪嘴、皱眉，继而嘤嘤地哭泣，越哭越伤心。飞机要昂首起飞了，为避免压力升高给豆子耳膜造成不适，我拿出早已准备好的奶瓶塞进豆子嘴里，豆子的情绪稍微缓和了一些。看到他总哭，邻座的伯伯和阿姨热心地伸出援手，说他们带宝宝有经验，把豆子接过去又是唱又是哄的。结果豆子奶也喝了，歌也听了，还是闭着眼睛哼哼唧唧一路，半梦半醒间到了成都。

下了飞机，豆子被久候在机场门口的外公接过去，才笑了。

◇ **第二次，6个月**

豆子避暑完毕，要回家了。有了上一次的经验，我做好了硬着头皮听他哭一路的准备。运气好的话，豆子也可能睡一大觉，安静地度过旅程。

月有阴晴圆缺，人有意料不到。等我们办妥各项登机手续，坐在机舱里时，美丽的空姐通知大家："受机场上空雷暴天气影响，航班延误，请大家耐心等候。"这真是要了我的命，我一个人等多久都没问题，问题是现在怀里有个小豆子，他有耐心吗？

我开始使出浑身解数与豆子耗时间，说说话，唱唱歌，给豆子喝喝水。出人意料的是，这一次，小豆子没有哭，而是时而高高兴兴地和我交流，时而四处打量，和周围的漂亮阿姨打招呼。每过去一段时间，我发现豆子情绪尚好，就由衷地赞扬他："宝宝真乖，不哭也不闹，你是乖宝宝。"

更出人意料的是，飞机延误在跑道上整整3个小时后，豆子竟然都没闹。但飞机上的大人闹了，长时间封闭在一个狭小的空间里，人们的情绪躁动起来，一些旅客与空乘人员发生了口角。我真担心半岁的豆子顶不住这个气场，也吵闹起来。于是，我站起身来，抱他在走廊里走走。亲爱的豆子好像明白我的心思，异常乖，趴在我身上东瞧瞧西看看。他的行为赢得了众位叔叔阿姨的赞叹："这个宝宝真棒啊，等了这么久都不哭。"在表扬声中，豆子更来劲了，他高高兴兴地跟空姐阿姨玩，跟自己玩。

4个小时，豆子在超乎寻常的空间里安稳地度过了超乎寻常的时间。飞机起飞，豆子疲倦地睡着了，一直睡到飞机落地。这真是一次不寻常的经历。

下了飞机，我狠狠地亲了豆子一大口，以示感谢。

◇ 第三次、第四次……

小小乘客逐渐适应飞行流程，明白上了飞机可以先玩一会儿，等飞机"轰隆隆"地叫着飞起来时要多喝奶（通过吮吸运动舒缓耳部压力），喝完奶就要乖乖睡觉，睡醒后就可以下飞机了。

如此说来，带豆子坐飞机还是蛮轻松的。

心理师爸爸的分析：让宝宝对新事物的体验积极愉快

体验新的事物总是伴随着担心和兴奋的。而新的事物可以带给宝宝直接的经验，充实宝宝的人生材料。

世界那么大，我想去看看。将来孩子们的世界会比我们更大，所以他们更需要成长空间，这里说的空间既是指物理上的空间，也是指心理上的空间。

对于新事物的体验总是给我们留下非常深刻的印象，豆子对每个新事物的感受都深深影响着他的将来。豆子在人生刚开始不久时就要经历飞行，豆妈的准备还是很充分的，这样非常好。

我们说"一朝被蛇咬，十年怕井绳"，其实说的就是对某件事物的体验一旦成为经验，就会连带当时的情绪等被储存在我们的无意识中。而这些经验和情绪会在我们下一次遇见同样的事物或者情景时被提取出来。这是人的认知过程。

很多人说宝宝太小，尽量不要坐飞机。其实这只是大人们的主观想法而已。宝宝出生不久后，身体就可以承受很多外界刺激，适应许多自然的情景了。许多大人因为害怕坐飞机，所以把这种害怕投射到宝宝身上，认为他们也会害怕。

还有一些人有类似于"幽闭恐惧"的体会，他们认为宝宝也会有类似的体验。人们对自己的内心世界不了解就会产生这样的认知，但这样的认知，恰恰会给我们的行为带来很多阻碍。

怎样让宝宝在飞行的过程中得到良好的体验呢？那就要做比较多的准备了，大家可以参考豆妈的准备过程。

如果我们对某个事物的印象不错，我们下次就还愿意体验，而且会有良好的感觉；反之，如果我们感觉接触某个事物很糟糕，我们就很难在后来的体验中扭转这种感受。

一位同为心理咨询师的朋友曾为一位35岁的男性求助者做过咨询，这位男士的一个心病给他的生活带来了很多麻烦——晕车。人家都是坐在开动的汽车上会晕车，而他刚到车上就晕。他理智地思考后认为，这不是个生理问题，而是心理问题，于是向我的心理咨询师朋友求助。

我的朋友在与他交流的过程中发现他有人际关系障碍，似乎不能和人很亲近，也回避和人亲近。

这是什么造成的呢？

在讨论中，他谈到自己幼年的经历，我的朋友发现了一些线索。

原来，他的父母是同一个部队的军人。在他8个月时，他父母因为要参加一次行动，打算把他送到他外婆家。途中，汽车翻了，妈妈受伤，一条腿被截肢。妈妈不得不在医院住了一年，这一年他在外婆家，没有见过妈妈。等他再见到妈妈的时候，已经快2岁了。后来，妈妈虽然装了假肢，但生活还是很不方便。

在他5岁左右，妈妈经常对他说："要不是送你回外婆家，我的腿就不会被截肢。"妈妈说的时候，或许是无意的，但他听到后却有意识地深深记在了心里。他觉得因为自己，妈妈失去了腿，所以在无意识中有内疚感。

从中似乎可以分析出他晕车的原因了。

他是用晕车保护自己！

那次坐车的经历让他非常恐惧，并且使他与妈妈之间的依恋关系出现了断裂。

这种糟糕的经历给他带来的是创伤经验，这样的经验已经在他身体里形成一个强大的刺激源，遇见类似的情景时，这种创伤经验就会被激发出来。坐车，是一个"扳机"，会把他内心强烈的恐惧感释放出来，击倒他。创伤经验在他身上表现出来就是晕车。

人的精神世界里有太多的信息，我们可能一辈子都不知道其中一些没有被我们关注到的信息会影响我们。

对事物最初的感受非常重要，好在豆子前两次坐飞机时体验到了妈妈的悉心照料，还有与妈妈在一起的安全感。这样的照料和安全感，形成了他的正向经验。豆子再坐飞机，这样的正向经验就可以保护他，甚至帮助他应对一些不舒适的感觉。

如果把我们的内心比作钱包，正向经验就是钱。假如钱包里的钱比较多，我们就不会慌张；相反，要是钱包里没钱，却有很多的欠条，当我们要用钱去解决问题的时候，就会非常害怕和无力。

世界是一个地球村，宝宝坐飞机旅行会是经常的事情，让宝宝拥有比较愉快的飞行经历，有利于他适应坐飞机。

同理，宝宝接受与适应其他新事物也是需要过程的。宝宝很小的时候就有一些适应新事物的经历也不错，关键是宝宝接触新事物时，我们要能给予好的照顾，给他安全感。

4.8　豆爸，生日快乐
——父母的关系，直接影响宝宝内心关系的建立

豆妈记录：豆爸，生日快乐 ／ 1岁4个月

　　豆子，今天是爸爸的生日。来，我们共同祝愿他生日快乐，身体健康，吃嘛嘛香，财源广进，芝麻开门！

　　豆子，你很幸运，你有一个好爸爸。我说他好，并不是说他对你的照顾多么无微不至，为你付出一切，而是，他真心爱你，发自内心地想做一个好爸爸，并通过行动努力地达成这个目标。尽管他有时候偷懒，不想抱你，有时候缺点耐心，觉得给你做一餐鱼泥很麻烦，但是等你长大以后就会体验到，这是男人的通病，是造物主造人时的一个疏忽，细致、耐心的男人不是没有，而是太珍贵了，你爸爸在这方面就是个俗人，不是极品。

　　下面我们来着重说说你爸爸的闪光点：他非常关注你的心灵，不愿你幼小的心灵感受到一点点痛苦，为此，他愿意自己承担起养

家的重任，让我做一个全职妈妈，陪你走过生命的头3年。

你爸爸是世界上为数不多的会讲"火星语"的爸爸，当然，如果你想说"爪哇语"了，他也可以马上配合，他的最大目的是用只有你们才能听懂的语言和你直接沟通。

最可贵的是，你爸爸不会将自己未完成的心愿强加在你身上，他会充分尊重你的想法，因为他明白你的生命是属于你自己的，你是唯一的。而不承认这一点是很多很多父亲一直在犯的错误。

你爸爸甚至不会要求你在1岁之前天天拉屁屁，他为此劝导我和你外婆，不要在你抗拒的时候给你把屎把尿，他说这样会让你很郁闷，很生气。够惯你的哈！

豆子，从你出生到现在，你的面庞已经发生了很大的变化，当然，不管怎么变，你都很可爱。唯一不变的是，你怎么变都很像你爸爸，这是大家的共识（除了你爷爷和你爸爸自己，你爸爸是否口是心非我不得而知）。有人说你的眼睛像你爸爸，或者说你的五官和你爸爸是一个模子里倒出来的，还有人说虽然你们的五官不那么像，但神情和气质完全一致。听他们这么说，作为妈妈的我总是有点失落的，但我无法否认，你和你爸爸血脉相承，你肥厚的耳朵、超大的脑袋、出众的块头无一不在炫耀你俩相同的基因。

豆子，你爸爸和我都很爱你。我们感谢你来到我们的生命中，成为我们的儿子。我们承诺，将努力做一对好父母，我们憧憬并相信，有朝一日，你会成为我们的骄傲。

心理师爸爸的分析：和谐的家，健康的爱

　　宝宝内心的爱来自父母，父母彼此相爱，宝宝才能感受
到爱。一对关系疏远或争吵不休的夫妻，很难和孩子建立良
好的亲子关系，当然也难以培养出内心和谐、心理健康的
孩子。

　　豆妈把我夸得很好，我心里不免有点得意。小小自恋一下，也
是可以的。

　　父母的关系直接影响宝宝内心关系的建立。我和豆妈关系和谐，
豆子就不用面临矛盾，这样，豆子能更好地享受来自爸爸妈妈两方
面一致的爱、没有杂质的爱。

　　夫妻之间相互欣赏是婚姻关系和谐的基础之一，当然，也是亲
子关系和谐的基础之一。一对有矛盾的夫妻，难以拥有良好的亲子
关系，也难以培养内心和谐、心理健康的孩子。

　　家庭中的节日（比如家庭成员的生日），是家庭成员分享的平台，
也是家庭活动的重要内容之一。让宝宝较早地参与到家庭活动中来，
能增加宝宝的归属意识和成长意识。最关键的是，在家庭成员的互
动中，大家会传递对彼此的爱与关心。

　　如果一个家庭有完整的结构，每个家庭成员能够为自己的角色
负责，那么这个家庭就是积极的、有非常强的动力的家庭。在这样
的家庭中，每个家庭成员都会体会到来自家庭的安全感、爱和支持。
成长于这样的家庭中的宝宝，会具备比较完善的自我功能，也会比
较自信。

　　一旦一个家庭的结构出现问题，这个家庭就可能会像生病了一

样，这个家庭中的人也可能形成病态的性格。什么样的状况会造成家庭结构出现问题呢？

家庭成员缺位、家庭中某个成员不负责、家庭中有需要掩盖的丑闻、家庭成员之间有仇恨、非家庭成员的侵入等都是家庭结构出现问题的原因。当然，如果某个人身上已经有病态人格的特点，那么他所在的家庭也一定有结构上的问题。一个宝宝在有结构问题的家庭中长大，就好比小苗生长在没有阳光雨露滋润的地方，难以苗壮成长。何况，在成长过程中，宝宝还需要认同父母的性格。

如果父母能共同承担保护家庭成员的安全、保证家庭正常运行的经济基础、照顾家庭成员的生活、用宽容和爱在家庭中打造比较柔和的亲情主题等方面的责任，宝宝就可以在其中感受到父母之间的爱，就会在爱中成长为自由的独立个体。如果家庭结构出现问题，比如父母之间仇恨没有消除，或者妈妈不愿意付出爱了，那么宝宝感受到的挫折就是天大的。

曾有一个36岁的男性求助者和他的妻子、4岁的女儿一起前来找我做家庭治疗。我一直记得他们走进办公室时的情景，女孩死死地搂着爸爸妈妈，生怕其中一个会跑。夫妻两人脸上满是冷漠。在第一次讨论开始的半个小时中，他们没有看彼此一眼，但经常看女儿，女儿一直低着头，脸上写满了担心和焦虑。

他们结婚6年，家庭曾经也很美满，可是近一段时间，他的妻子经常故意找茬，说风凉话，原本和他亲近的女儿也开始慢慢疏远他。和他在一起时，女儿的眼神中开始显露出恐惧，并对他说："你是坏爸爸。"开始，他没有在意，但女儿活泼的性格慢慢改变了，也不愿意出去玩了，看着女儿的表现，他越来越不解。

他对我说，他与妻子离婚都没问题，但真的很心疼女儿。在讨论的过程中，他慢慢意识到妻子之所以这样做，是因为他一直忽略妻子，所以妻子对他有愤怒的情绪。一次应酬后，他回家比较晚，妻子在他的衣服上闻到了香水的味道，问他怎么来的，他不在意地说："应酬的时候，有个女性在我旁边，可能挨得比较近，所以就有了。"事实也是这样，他没有撒谎。妻子没继续问，他一直以为事情过去了。可是从那以后，妻子常在言语中表露对他的不信任。他开始嫌妻子啰唆，所以很少和妻子沟通，有时会故意沉默。只有和女儿在一起，他才非常开心。

很显然，他们家生病了。生病的根源是他和妻子之间的沟通不顺畅，而妻子又是一个不喜欢向他表达情绪、比较敏感的人。他忽略了妻子，心里还会责怪妻子很不懂事。我问他有多长时间没有正眼看过自己的妻子，他竟然都想不起来了。

他一直没有意识到自己的婚姻出现了问题，他的妻子把一个假想的第三者放到了家庭中，挑起了冷战。

他说和妻子在女儿面前就吵过一次架，他们一直注意不在女儿面前发生争吵，女儿怎么会知道呢？我对他说："你们女儿的心和你们的心是一体的，中间有一条连着的线，你们的心一动，她就感觉到了。"他们的女儿在冷漠、充满猜疑的氛围中，感受到的不是爱，是父母之间的怨恨，所以就会变得敏感、抑郁。

父母彼此相爱，孩子才能放心地感受爱。不然，孩子享受妈妈的爱时，会对爸爸愧疚；感受爸爸的爱时，会对妈妈愧疚。孩子会像双面间谍一般，承受着矛盾的、有压力的爱。

伴侣关系是家庭关系的核心，处理不好伴侣关系，亲子关系很难不是糟糕的。因为在不佳的伴侣关系中，孩子要扮演的角色太多了。

有些父母希望用孩子来维持夫妻之间的关系，这对孩子来说太残酷了，他们绝对没有这样的能力。

第五章　心理分化矛盾期：
让宝宝在支持性的环境中建立自我

（1岁5个月~2岁半）

无论是宝宝的运动能力，还是宝宝的语言能力，都已经有了长足的进步。他简直有点膨胀，得意地以为自己无所不能了。他既想成为一个独立的人，又强烈地依恋着妈妈，心里挺矛盾的。

　　应该说，宝宝已经开始展现自我满足的能力，同时还想把别人拉入他的人际关系中，此时，照料者相对固定对宝宝来说是非常重要的。

5.1　家有小超人
——保护宝宝的无所不能感

豆妈记录：家有小超人 ／ 1 岁 5 个月

1 岁 4 个月之后，豆子的自我意识急速膨胀，他觉得自己不再嗷嗷待哺、手无缚鸡之力，变成了一个"小超人"。他以为自己会走路就会所有的事情了，显现出盲目自大的发展趋势。他要以自己的方式过日子，拒绝帮助，坚持不给我们"添麻烦"，让人头疼。

豆子的脸上经常流露出我们称为"跩"的表情，就是那种不屑一顾、自以为是的表情，眼神略冷，下巴略微抬起。以前在他不会爬行和走路的时候，他脸上更多的是巴望、期许、失落、欢喜等感情色彩较强烈的表情。翻看他小时候的照片时，我们发现他多是傻笑着，嘴巴咧得很开。现在不同了，我们在不经意间拍下数张"跩"得很的臭小子，可以感觉到，他正在走向成熟。

豆子凡事喜欢亲力亲为，参与感很强，比如要自己吃饭。现在他用勺子都不满足了，要和我们平起平坐，使用筷子。豆子第一次用筷子就闹了笑话，硬是抓了3根在手里，可见豆子使用筷子的意愿有多么急切。在我们的耐心劝说下，豆子同意放下一根，用剩下的两根在餐桌上挥舞。我们要随时防止他用筷子打翻饭菜。这还是小事，我们更怕他戳到自己，所以根本无法正常用餐。

豆子要自己穿衣服、穿鞋，虽然根本穿不上，但是他可以脱下鞋子，而且经常脱，以显示自己能力很强。从现实层面讲，这些行为是给我们制造麻烦的，明明我们帮忙两分钟可以穿好衣服，豆子非要搞得10分钟都没穿好。他这样做虽然很麻烦，但我们得保护豆子宝贵的自主意识啊，难得人家愿意自己做，并且充满自信，千万不要因为我们怕麻烦就阻止他，打击他的自信心。

带他出去散步，总是让我怀想起自己的童年——不走寻常路。豆子什么都不像我，但是这点就绝对拜我所赐。如果有羊肠小道，他就不会走光明坦途；如果有石子烂路，他就会毫不犹豫地走上去。下雨天，豆子的选择更多，那些低洼处，积起了雨水……当年，我才6岁时，也会走到水洼里，高兴地踢水，结果脏水溅在了前面阿姨漂亮的裙子上，阿姨回过头来时，扭曲的表情和燃烧的眼神成了我脑海中为数不多的幼年记忆之一，很难忘。我决心，下次豆子再走水洼的时候，我要做一件未雨绸缪的事，告诉他：你踩水可以，但是不要溅到别人身上，不然会挨骂的。

豆子路过花园里的池塘时，经常要去看望一下住在里面的金鱼和小青蛙，我们问他，你要不要下去，他总是毫不犹豫地回答"要"。他大概以为，游泳和在水中呼吸这种本事也是人类与生俱来的。我们笑着说，等豆子学会游泳了，就可以像小金鱼一样游来游去了。

在家里，豆子总是趁我们不备迅速爬上电脑桌前的凳子，抓起鼠标一通乱点。有时候，我正在用电脑做事，他厚着脸皮非要蹭上来，我只好把他放到腿上，满足他一下，只见他一双胖手非常老练地在键盘上游走，煞有介事。晚上，一家人一起看电视的时候，豆子总是要霸着遥控器，我们如果想换台、调一下音量什么的，只能低声地请求他，还要手把手地让他亲自给我们换个频道，有时候一部片子演得正精彩，突然就被他关了，真是很让人恼火。

1岁多的小孩子是最难带的，他简直无所不能、无孔不入，你一不留神，他就可能干出一番大事业，让你收不了摊子。他无知者无畏，不知道插座里面是有电的，人体是导电的；他不知道开水是烫的，如果不看着，他说不定乐于探索一下热气腾腾的水壶；他不知道遥控汽车是要靠电池提供动力的，当他的法拉利跑不动时，他会很生气，嘴里叽里咕噜地说出很长一串难以意会的话……

但是，也正是这种无所畏惧的信心支持着豆子勇敢地探索世界，充分地行动，大胆地实践。其实我挺羡慕他的，也可说我很佩服他。作为一个成人，我就过于在乎别人的眼光，害怕失败，做事畏首畏尾，难成大事。在这一点上，豆子是我的榜样。

我们看到，在不断地摸索中，豆子学会了很多东西，每天都带给我们惊喜。豆子，前进吧！

心理师爸爸的分析：保护宝宝的无所不能感

豆子1岁半了，到处走，语言能力迅速提高，自体的主张和分离的感觉成为核心。照料者可以为这一阶段的宝宝提供必要的选择和机会，使其体会到对周围世界的控制感。

◇ 1岁后，幻想自己无所不能

豆子不知道危险，因为他在安全的照顾下。他发现自己无所不能，因为他的世界很小，加上妈妈的照顾，所有的难题都可以解决。想移动，自己已经会走了；想吃，马上就可以得到。在他的世界里，他不仅拥有一切，还能控制一切。这就好比一个小家伙身边有一群可以帮他做任何事情的保镖，他想怎样就能怎样。

当然，这是一种幻觉。这种幻觉会慢慢被打破。为了保护宝宝的无所不能感，我们在宝宝想拿起板凳却发现自己根本没有那么大力气，想登上高台却发现自己爬不上去的时候，可以告诉宝宝，不久后，等他长大一点，他就能做到。

◇ 自我保护意识训练

宝宝1岁多时，妈妈可能是最焦虑的。宝宝只要醒着就必须有人看着，因为每个角落都有潜在的危险，但他们根本没有危险意识。他们会去掏插座上的小孔；会爬上高高的书架，拿上面的摆件；会很勇敢地想要把手放进刚刚烧开的水里……

这个阶段，对宝宝进行自我保护意识训练很重要。很多妈妈只知道不让宝宝碰这个，不让碰那个，其实这样的方式只会让危机一直存在。宝宝是好奇的，我们不让他们碰，会发现他们依然很执着。是的，宝宝又勇敢执着，又脆弱。

怎样对宝宝进行自我保护意识训练呢？比如怎样避免宝宝碰开水呢？有个比较简单的方式，当着宝宝的面，把开水倒进玻璃杯里，让他用小手轻轻触一下杯子，杯壁的热度会让他感到一点疼痛，但又不致烫伤他。知道烫的感觉后，他就知道要小心被开水烫伤。这在心理学上叫厌恶疗法。

如果宝宝喜欢翻抽屉，怕宝宝的手被抽屉夹到，就在抽屉即将关上时，把宝宝的手指放在抽屉边沿，轻轻推动抽屉，让宝宝稍微体会一点痛感，这样宝宝就会记得在关抽屉时要小心，不要让手指被夹到。

千万不要自以为是地用自己的表情去告诉宝宝什么。有一些妈妈担心宝宝玩饮水机里的热水，就给宝宝演示，用手指碰一下热水开关，接着在脸上显示出痛苦的表情。妈妈认为这一招很高明，其实宝宝会更好奇，会想一切办法重复一次妈妈的行为。

◇ **保护宝宝的无所不能感**

宝宝认为自己无所不能的幻想也许令大人头疼，但这对宝宝的心理发育过程非常有利，因为这可以帮他应对分离、成长带来的恐惧感。**父母一方面要训练宝宝自我保护的意识，一方面要保护宝宝勇于探索世界、觉得自己无所不能的这种状态。将这种状态保护好，能让宝宝发展出许多能力，充分体验成就感，进而产生强大的自信。**

怎样保护宝宝无所不能的状态呢？

宝宝要自己吃饭，很好，我们就给他勺子，让他自己吃。结果可能满地都是食物，没关系，鼓励他。鼓励会给他信心，他下一次会做得更好。

宝宝要打开抽屉拿东西，没关系，让他拿。你教他在把抽屉推进去之前先抽出手指头，他就不会被夹到了。

吃同样一碗饭，宝宝自己扒拉进去和被人一口口喂进去，带给宝宝的感受是不同的；拿同样一个放在抽屉里的玩具，妈妈拿给宝宝和宝宝自己拿出来，带给宝宝的体会也是不同的。

利用好这个时期，让宝宝在安全的范围内自由体会，这会带给他许多满足感。宝宝的学习能力就是这样培养起来的，宝宝的自信心也是这样培养出来的。当然，这会给父母带来很多麻烦。如果你受不了孩子吃饭时撒一地，吃饭吃半天，或者关抽屉时夹到手，事事越俎代庖，就会耽误孩子获得学习能力，剥夺孩子的自我满足感，孩子就会胆小，并觉得自己处处无用。

曾经有一位妈妈因为孩子不敢一个人去洗手间来向我求助。她的孩子叫小强，当时已经8岁了。妈妈问小强为什么不敢一个人进洗手间时，小强会找各种理由解释。

我问这位妈妈，小强面对其他事情的心态是什么样的呢？妈妈告诉我，小强胆子特别小，而且不能接受任何有挑战性的活动。

在这位妈妈讲述养育小强的过程中，我了解到小强出生的时候比较瘦小，因此，她对小强的照顾就非常用心。在小强开始学习走路时，她用一根绳子绑住小强，自己在小强的后面提着绳子让小强学习走路。这样的情况持续了3个月，小强终于学会走路了。小强学会走路以后，喜欢在家里到处去玩，但她总是把卧室、厨房、厕所的门给关上，只让小强在客厅里玩。

这位妈妈经常一惊一乍，有几次小强进厕所玩马桶里的水，她看见了就在小强后面大声地叫，每次都把小强吓一跳。小强玩什么，她都感觉有危险。小强每次拿起一些东西，就会被她抢下来。后来，小强开始喜欢用笔在墙上画，或者钻到沙发下面，但这样的行为总是被她大声呵斥。

小强变得越来越胆小，感觉到处都充满危险。去厕所时，必须把门开着，让妈妈看着。

我们都知道，马桶里的水不卫生。发现孩子玩马桶里的水，大声呵斥解决不了问题。我们不如给孩子做好清洁后，端一盆水给他玩，满足他。

这位妈妈总是一惊一乍的呵斥、阻止，打破了孩子的无所不能感，破坏了小强独自探索世界的兴趣，带给他许多创伤性的体验。这就是小强依赖性强且胆小的原因。

很多孩子长大后胆小、容易退缩，多是因为他们小时候的无所不能感没有被保护好，父母要为自己曾经的行为付出很大的代价。

如果1岁多的宝宝习惯了自己探索，那么他们将来也会延续这样的习惯。自主、独立、不受干扰是事业成功的条件。每个宝宝都是发明家、探险家，只是很多父母硬生生地把自己的孩子养成了喜欢依赖的、退缩的、没有主动创造意识的人。

有的妈妈会跟孩子讲道理，说这些东西不能摔，很贵重，等等。孩子对它们的价值是没有概念的，成人用自己的价值观判断孩子的行为，就会忽视孩子想掌控一切的正常心理过程。我们如果总是不允许孩子做这个，不允许孩子做那个，便会打破孩子掌控一切的感觉，甚至会造成一些麻烦——孩子会因为周遭的人对他们的方式，产生一种被迫害的感觉，回到自闭的状态中。他们觉得他人对外界很多东西的描述跟自己想象中的差距太大，产生恐惧感。慢慢地，他们对周遭的一切也不好奇了，不再愿意去探索，不再愿意发展自己，并且开始尝试着看大人的脸色行事。听话的孩子就此产生。

很多父母控制感太强，胆子小，怕承担责任。他们很难真正地放手让孩子在无所不能的状态中独自探索，导致孩子长大后缺少原创力。

放手吧！你放一次手，孩子前进一大步。

5.2　对着干
——控制与反控制游戏

豆妈记录：变本加厉，开始逆反 ／ 1岁7个月

豆子闹独立，认为自己很好、很强大。对此，我们表示支持，可以配合。他因此变本加厉，直至闹出一起让我很震惊的事，使我充分意识到臭小子要"反"了。

我带豆子去医院做儿童保健，检查完身体，医生给豆子开了一些常备药品。我牵着豆子来到取药处，把处方交给工作人员。工作人员去里面准备药品，我们就在一边等待叫号取药。

豆子闲来无事，四处溜达，取药处的隔壁是门诊输液室，一个大房间里半坐半躺着十几号病员。豆子站在输液室的门口，停住了脚步，他不明白为什么这些人的身上都连着一根管子，为什么他们都坐在那里不说话，他拉拉我的手，说："妈妈，你蛋！"豆子的舌头也比较"胖"，说"看"字说不清，我纠正过很多次，但他说出来的还是"蛋"。

我很耐心地跟他解释，这些叔叔阿姨、爷爷奶奶生病了，管子里流的是药，药流进身体里，病就好了。我不失时机地对小豆子进行公德教育："你要乖，叔叔阿姨要休息，要安静，不可以去吵他们哦。"豆子表示非常理解，愿意做个好孩子，随后去别处溜达了。

轮到我们拿药了，我让豆子在边上等着，自己凑到柜台前取药。就在此时，令人震撼的一幕发生了。豆子竟然趁我不备，一溜烟跑到输液室门口，憋足中气，大叫一声："啊——"我几欲晕倒。

众目睽睽之下，我一把抓住豆子，迅速将其拖离现场。太丢人了！我慌张得连"对不起"都忘了说，一路低着脑袋拎着他，逃窜出医院大厅，如芒在背。

我"怒从心头起"，这是赤裸裸的对抗！还有没有王法了?！还讲不讲诚信了?！我在转角处停住脚步，怒发冲冠对着豆子。在强大的气场前，豆子意识到了情况的严重性，怯生生地试探一下："妈妈……""妈妈很生气，豆子刚才很不乖！"我毫不留情地斥责道："怎么可以故意去吵别人，明明表示要当好孩子……（以下教育、发泄内容省略）"

很显然，这个小朋友出现逆反行为了。回想一下近日的情况，其实是有很多征兆的。譬如豆子热衷于爬家里的电视柜，屡禁不止。我家的电视柜是分两级的，矮的一级只有 30 厘米高，爬爬无所谓，但通过矮的一级可以爬上高的一级，那就有 60 厘米高了，足以摔得豆子鼻青脸肿。因此我们防患于未然，只要见到豆子在攀爬柜子就立即制止，主要采取数数加口头威胁的方式："一——二——三，打屁股啊！"慑于我和他爸爸，一般在我们数到"二"的时候，豆子就悻悻地下来了。但豆子爷爷反映，这两天豆子往电视柜上爬时，豆子爷爷数"一——二——三——"，豆子还帮着喊"打屁股"，毫不收敛手脚。

随着年龄的增长，豆子越来越有自己的主意，个性越来越突出。他原本很随和，家里谁叫他去扔个垃圾、拎个拖鞋什么的，他总是屁颠屁颠地就去了，非常惹人喜爱。现在，再也没有随叫随到这样的好事了，完全看豆子的心情，甚至在吃东西这种事上豆子都变得叛逆了。豆子本来是走向茶几要拿饼干的，我说："豆子要吃饼干啊。"他听了此话，根本不经过思考，就说："不吃！不吃！不要吃！"豆子本是"吃货"，居然为了逆反，连想吃饼干都否定了。

我知道每个孩子都要经历这样的阶段，我自己在青春期就叛逆得很，然而理解归理解，一旦豆子跟我对着干，给我添乱，我还是忍不住"恶向胆边生"，他才这么小就不受我控制了，等他再长高一点，长大一点，还怎么了得。怀念婴儿时期的豆子，那时候他躺在床上，连翻身都不会，多么老实，多么可爱……

心理师爸爸的分析：没有叛逆，只有控制

> 这个时期，宝宝总和家长对着干，期望能展现自己的意志，表现自己的独立，会对成人的权威发起挑战，并希望按自己的愿望来控制周围的世界。

当然，我不想用"叛逆"这个词，因为对豆子来说，他的行为并不代表叛逆，而是再正常不过的行为。与其说豆子叛逆，不如说豆子开始发展自我。他并没有想和豆妈对着干，只是豆妈在压迫他

发展自己。哪里有压迫，哪里就有反抗。可以说，压迫在先，才会有反抗一说。宝宝从没有自我、被成人控制，变得不想受控制的确很容易让家长认为宝宝叛逆。

很多时候，家长之所以要控制宝宝，是因为希望宝宝能够一直按照家长的愿望成长。这种"痴人说梦"的想法，根植于许多家长的无意识中。不过，带宝宝很辛苦，假如宝宝能听话，能服从，家长自然可以轻松很多，但这是一种自私的想法。这些家长是在满足自己的需要，有的家长并不愿意承认这一点，有的则根本没有发现自己无意识中的观念。能承认自己自私并抑制自己自私想法的家长才是真正的好家长，他们可以帮宝宝营造健康的成长氛围。

很多家长总会用"我是为你好"来掩盖自己内心的真实动机。其实这句话的潜台词是"你要听我的"。我这样说，可能会令很多父母焦虑，甚至产生愤怒感。这样的焦虑和愤怒或许正是内心被击中才会表现出来的情绪。

一个2岁多的孩子骑着小自行车，他的妈妈在后面用绳子拉着那辆自行车。小男孩努力地想挣脱，但还是不断地回头看妈妈的脸色。小男孩左思右想，撞了前面一位奶奶的脚跟一下，从他的表情中我判断出他是故意的。那位奶奶可能那天心情不好，直接指责了小男孩的妈妈几句，小男孩的妈妈很尴尬，她的脸立刻红了，随后在孩子的脑袋上重重地敲打了一下。从小男孩的眼神中，我看出他很惊恐。接着，他大哭起来。

我能感觉到小男孩的恐惧和悲伤，也能感觉到妈妈的愤怒。她没有能力解决自己的无力和羞愧感，因此把愤怒转移到了孩子身上。

她在打了小男孩之后，还"教育"了他："叫你不要这样，要好好骑，看，惹祸了吧！"其实她的意思是：我打你是应该的，你活该。

妈妈用绳子拉着自行车，可能是为了孩子的安全考虑，也可能是怕孩子乱骑闯祸，估计她之前已多次教育孩子要"好好骑"了，但孩子不肯听话，所以当她被老太太指责时，她就忍不住教训孩子了。她也许没想到，孩子撞那位奶奶的脚跟，正是因为被控制得很不爽，才下意识地反抗一下，搞个恶作剧。孩子这么小，还不能真正懂得规则，不懂这个行为会给别人带来什么伤害，他只想表达自己的感受。妈妈愤怒的面孔和孩子头上受到的敲击，会带给孩子心灵的创伤，何况妈妈后来又用了斥责的方式，很可能使孩子受到的创伤加剧。

我不认同这种带孩子的方式，我甚至可以看到将来男孩的青春期里，一个无力的、愤怒的母亲和一个愤怒的、充满攻击性的少年之间的对峙。

我们说回豆子。他也在用一些方式证明自己的存在，表达着攻击的欲望。其实，攻击性是每个人都有的，只是有些人的攻击性是对别人的，有些人的攻击性是对自己的。

很多孩子为了证明自己的独立性和自我的存在，会在强烈的控制下表达出内心攻击的愿望。比如很多孩子总是不能按照自己的喜好吃东西，必须按照父母的愿望吃东西，就会渐渐变得挑食甚至厌食。这其实是他们在用自己的方式表达不满——因为他们认为吃东西是为了别人，而不是因为自己想吃。看到那些被父母或者爷爷奶奶追着喂饭的孩子时，很多人都会同情那些大人，我反而同情孩子。

什么样的孩子会产生"满足自己的生理需要是为了别人"的思维模式呢？那就是被控制的孩子，没有自我的孩子。他们在已经表达出自己不想要某个东西的时候，"爱"他们的大人们还要强迫他们接受。

这样的孩子，有时也会拼命地维护他们想要的东西，这是因为他们想玩一些东西的时候，"爱"他们的大人常常强迫他们放弃。比如，当他们想玩泥巴的时候，大人们因为觉得脏，直接阻止了；当他们对一只小虫子感兴趣的时候，大人们为避免他们被叮咬，又阻止了。

大人们以保护的名义控制孩子的成长，孩子总是难以实现自己的想法和愿望。孩子要么放弃自我，要么拼命抵抗。妈妈们，当你们因为宝宝"不听话"而无力、沮丧甚至愤怒时，一定要提醒自己，恰恰是你们的控制激发了他们的对抗。宝宝是在用他们的方式让你们体会到被控制的无力感，让你们体会他们的感受。所以，大人们的无力感是宝宝给的吗？不，是大人们自己想要控制，却不能控制导致的。

许多家长用"乖""听话"来描述孩子。这种描述体现出的关系是典型的上下级关系。在这样的关系中妈妈是掌控者，而孩子是服从者。如果孩子不服从，妈妈就会非常焦虑，以各种威逼利诱的方式让孩子听话。

有的妈妈发现孩子长大后和自己不亲近，因为他们的亲子关系里没有太多的情感，孩子一直扮演的只是乖巧、听话的角色。

很多孩子即便看起来乖巧，却总会投机取巧或者在人前背后做一些"小动作"。很多妈妈会问："为什么我的孩子这么小就会撒谎？"

其实很可能就是因为她们会让孩子做一些孩子做不到的事情，而孩子为了避免惩罚或者想讨好妈妈，所以采用撒谎的方式。当妈妈表现出想要，但是孩子不愿意或者做不到的时候，孩子就会虚伪地表达。

孩子的一些做法对父母来说是反叛的，但对孩子来说，他们是在完成自我。平和地看待孩子们的自我萌发，等待他们完成这个过程，和谐关系自然生成。

不被控制的孩子是不需要反叛的，他们会和家人建立和谐的关系。豆妈也深刻认识到了这一点。

5.3 欠扁的小豆子

——适度惩罚帮宝宝建立规则意识

豆妈记录：欠扁的小豆子 ／ 1岁9个月

从嗷嗷待哺到满地乱爬，再到上蹿下跳，豆子在日复一日的吃喝拉撒中茁壮起来。我看着他身手日渐矫健，心底生出一些成就感：这是我一把屎一把尿养大的儿子。

豆子在日复一日的爱心呵护中成长起来，我们坚持贯彻爱的教育，尊重权利平等，保护他处于萌芽状态的自我意识。这样做当然受到豆子的热烈欢迎，他处于要风得风要雨得雨的状态中，唯我独尊。当然，也得慢慢帮他建立规则意识，不然我们本着爱的初衷，却造出一个"混世魔王"就不得了了。

豆子现在1岁9个月，已经是个小屁孩儿，大多数时候他是个可爱的宝宝，但有时他会搞不清状况，三番五次挑战我的心理底线。比如我反复告诫他不要用汤匙敲打鸡汤，他仍然我行我素，坚持拿汤匙打打打，打得汤水四溅，桌子上、衣服上、我的脸上全都溅满了油汤，我的火气一点一点地窜上心头，他每一次敲打时溅过来的汤汁无疑都能起到火上浇油的效果。

我不是一个提倡暴力的妈妈，面对这类情况我一般会做三项工作。

其一，善意的口头劝导。在豆子第一次这么干的时候，我的语气是非常温柔的，会站在小朋友的立场上理解这种行为。我知道这是件好玩的事，可以说豆子是在自主开发勺子的多项用途，除了我们大人所知的吃饭、喝汤功能外，勺子还可以用来制造水花、丰富用餐环境、锻炼手腕的灵活度、引起妈妈的关注……的确很有意思。因此，我温柔地告诉豆子："这样敲打不好，勺子是用来吃饭的，而且你打来打去把汤搞得到处都是，很脏，妈妈不喜欢。你是乖孩子，对吧？"豆子肯定地点点头。我接着说："OK，是乖孩子就不要捣乱，好好喝汤。"口头劝导的有效时间保持了1分钟。

其二，加大力度，直接说不。我坚决地说："不可以！"同时把住他的手，制止他敲打鸡汤。以前豆子还是会服从的，但是今天，在我放开他的手之后，他用勺子假意喝了一口汤，又继续敲打起来。对此，我只能解释为，小子长进了，不畏强权。

其三，表达愤怒，用表情恐吓。我想，换作是你，经过上述挑衅，也会很自然地发火吧。所以，不用假装，我的眼睛里燃烧着愤怒的火焰，恶狠狠地瞪着豆子。按理说，我当时那样狰狞的面目足以镇住场子，但这种招数起作用的关键是对方要理睬你，要接招，否则一点威慑力都没有，打个不恰当的比喻，就是在对牛弹琴。很不巧，我家豆子是金牛座的，他已经把碗里的汤打飞一半了。

我还能说什么，一个怒不可遏的人会做什么？我卷起袖子，将其按倒在地，最大幅度地扬起巴掌，在挥下去的一瞬间，我稍微理智了一下，改成操起一旁的报纸，迅速卷成报纸筒（非常感谢网上的经验，这玩意儿抽下去震慑力很强，"雷声"非常大，但打在身上并不疼，穷途末路之时尚可一用），然后抽在豆子的屁股上。这个牛犊子"哇"地哭了，真是老虎不发威，被你当成病猫。

被教训之后，坐回餐桌时，豆子非常老实地一勺一勺喝完了剩余的鸡汤。我的内心非常纠结，虽然我胜利了，但是我动武了，这种胜利没有技术性，胜之不武。豆子毕竟太小，根本不是我的对手，等他再长大一些怎么办？动武会陷我于无法自拔的境地。

最令我纠结的是，我其实很反对暴力教育。我相信暴力带给孩子的不安全感足够让他学会撒谎和虚伪。在暴力的教育下，孩子表面上会按照规定的路子做，但由于是不得已而为之的，一旦没有施暴者的监管，孩子就会加倍放肆地做禁止的事情。为了避免暴力，保护自己，他会自然而然地做假，内心并不认同施暴方的规范。

我并不想让豆子看到一个动手打人的妈妈，施暴那一刻的我肯定相当凶狠。等我下一次想亲他的时候，他会不会想跑？或者会不会觉得妈妈很分裂，凶起来像母老虎，温和起来像天使？就算小豆子不记仇，我自己心里都别扭。

可是，如果孩子真的做了很糟糕的事，并且无视权威，一再挑衅，那么该不该体罚呢？我内心也认为男孩子是应该接受一定体罚的，他们必须学会为自己的错误行为付出代价，包括疼痛。体罚，究竟算不算惩罚教育中的一部分？

我想到的越来越多，惩罚，真是个深刻的话题。

心理师爸爸的分析：规则的建立

> 适度惩罚帮助宝宝建立规则，但惩罚不等于暴力。暴力
> 分为躯体暴力和精神暴力。

我们来谈一谈关于惩罚的问题。

◇ 什么情况下可以惩罚

通常意义上的惩罚是指因为做错了事情而受到责骂、体罚等不同方式的处罚。假如宝宝经常做有损他人利益的事情，那惩罚就是必需的。

不过在此之前，我们需要分清宝宝的行为是否确实损害了他人利益。有时候，违背他人内心的期待并不等于损害了他人的利益。

如果妈妈需要宝宝安静，让自己能有时间完成一些文字工作，或者妈妈需要宝宝不翻乱家里的东西，这样妈妈就不用经常整理，那宝宝不安静或者乱翻东西是不是损害妈妈的利益了呢？

答案是否定的。比如，要求一个 2 岁的宝宝很安静地坐半个小时，几乎是不可能的。这样的期待压抑了宝宝的本性，是不合理的。

如果宝宝按照自己的方式做事或玩耍，却给妈妈造成了一些麻烦，妈妈也没有必要惩罚宝宝。宝宝要是在这样的情形下被惩罚，其实就是被施暴了。

自恋的妈妈会固执地坚持自己，看不见别人。

我接触过一例有关厌食症的个案，来访者会一段时间厌食，一段时间暴食。她在暴食时，会先吃大量的食物，再将食物抠出来。

这促使她一段时间胖，一段时间瘦。她大部分时间是瘦的，但有时会快速地胖起来。她遇到挫折时通常会厌食或暴食。这种状态是危险的。在说到童年时，她描述了这样一个情景：她在玩木马摇摇椅时，妈妈喂她饭，她已经吃得很饱了，可妈妈认为只有把碗里的饭都吃掉，她才会饱。所以她摇几下，妈妈就往她嘴里塞一口饭，她再摇几下，妈妈就再塞给她一口饭，妈妈根本就无视了她的感觉。因此，她后来连饥饱都不知道了。她无法体会饥饱，除非饭快到喉咙了，撑得胃难受了，她才觉得自己饱了。当然她的行为都是无意识的。我们可以看到，很多时候她呈现出的是一种退行状态，她在虐待自己。

妈妈这样做对孩子来说真的是一种虐待，有时，父母会分不清爱和恨，分不清爱和虐待，也分不清教育和虐待。

◇ 怎样惩罚比较好

怎样给宝宝建立基本的规则呢？

对于 3 岁以内的宝宝来说，惩罚是没有道德性伤害的，惩罚的目的只是让宝宝知道什么是不能做的，让宝宝明确边界。儿童 3 岁之后开始建立道德感，5 岁左右才会有成熟的道德情绪体验。

什么样的惩罚方式更容易让宝宝接受，而不伤害宝宝的自尊和安全感呢？我个人比较赞同使用暂停的方式，比如，不让宝宝玩他喜欢的游戏或者不让他吃他爱吃的零食，或者告诉他："因为你做错事，妈妈有 1 小时不会理你。"游戏、零食以及妈妈的反应都是宝宝在意的东西，都能带给他满足的体验，暂停满足体验对宝宝来说就是一种惩罚。这种惩罚使宝宝将错误与不愉快的体验联系起来，会让宝宝记住规则，不再犯错。

◇惩罚与暴力的区别

许多对孩子施加暴力的家长，都会认为自己是在惩罚孩子，**其实理性的惩罚和施加暴力是两码事**。所谓暴力，就是施暴者发泄自己的情绪，用攻击的方式对待他人，以缓解自己内心的焦虑和无力感。暴力可以分为躯体的和精神的。也就是说，如果借惩罚发泄自己的情绪，进行人身攻击，即使没有打孩子，也是在对孩子施加暴力。

其实，有一种比打更糟糕的暴力方式，那就是通过让孩子内疚来控制孩子。

40岁的秦先生曾因抑郁向我求助。他和妻子的关系出现了很大问题，他感觉在家里压力非常大。原来，秦先生和妻子结婚时，妻子的家庭条件比较好，而秦先生什么都没有，所以，秦先生一直很感激自己的妻子。但随着时间的推移，秦先生觉得，妻子对自己的要求似乎越来越高，一旦妻子的要求得不到满足，妻子就会很激动，并用过去的事情来指责秦先生，说他忘恩负义。这让秦先生的内心充满了愧疚感。

有一段时间秦先生的妻子得了甲亢（甲状腺功能亢进症），情绪非常糟糕，经常指责秦先生很多事情没做好。秦先生一直忍受着妻子的情绪，但妻子对他的态度越来越差。一天，秦先生晚归，妻子非常激动，出现了一次自残行为。秦先生很害怕，也很自责。从那以后，妻子经常用这样的方式来表达对他的不满，这让他感到无力。每当他内心有想离开的愿望时，亏欠和内疚的感觉就会把他淹没。

秦先生为什么会这样？

人们在亲密关系中呈现出来的模式往往和他们在原生家庭中的亲子关系模式比较类似。看看秦先生与他妈妈的关系，我们就可以找到秦先生矛盾体验的来源。

原来，秦先生的妈妈经常有抑郁情绪，抱怨自己的丈夫，而且经常生病，一生病就会在床上唠叨。秦先生很小的时候就要照顾妈妈，有时候因为贪玩没有陪伴妈妈，妈妈就会很伤心，怨天尤人。这带给秦先生很强烈的愧疚体验，逐渐使他产生拯救者情结。也就是说，他形成了这样的认知模式：我必须去照顾妈妈，假如妈妈不高兴、很难受，那就是我的错。他并不知道，妈妈无意中用了一种"内疚感控制"的方式控制他。秦先生在亲密关系中所做的一切，也是为了避免自己有内疚的感觉。因此，他并不是因为爱而建立亲密关系的，更多的是在做自己不想做，但必须做的事情。他很难分清楚什么是自己想做的，什么是不想做的。他不懂如何拒绝。

很显然，秦先生一直处在妈妈的精神暴力下，这直接破坏了秦先生的亲密关系系统，当然，这也是秦先生一直不知道自己要什么的原因。这样的无力感让他很抑郁。

持续的暴力就是虐待，这会带来很严重的后果，危及一个人的人格构成。

◇ 避免暴力的根源

很多妈妈明知道用暴力不对，但无法控制自己。一次次后悔之后，又一次次地使用暴力。为什么会这样？也许不同的人有不同的原因，但有一种原因是普遍的，即一般经受过暴力的妈妈会无意识地重复暴力。这是因为她们年幼时受到的躯体上的暴力，在她们内心形成了创伤性的应激障碍。当她们发现自己对宝宝的行为很无力时（无力感会引发愤怒），战斗状态就会被激发。

这叫"与攻击者认同"，什么意思呢？

宝宝在很幼小的时候，特别是不到两岁的时候，受到躯体攻击时是很恐惧的。他们需要找到一种方法来应对这样的恐惧，这会导致宝宝开始认同攻击者的行为。因为，让自己成为做出攻击行为的那个人，自己就不会体会到被攻击后的恐惧。所以，很多攻击性强的孩子，往往一直处在被攻击的状态下，他们为了认同攻击者，而变成攻击者。

请自我觉察一下，你是攻击性强的人吗？你还要继续用暴力吗？

5.4 自言自语的豆子

——自言自语是宝宝自我照顾的开始

豆妈记录：自言自语的豆子 ／ 2 岁

豆子秉承了豆爸的家风，贵人语迟。当然，这种说法不免掺杂自我安慰的成分。

豆爸两岁半才开始说话，说的估计还是连电报句都不如的词语，当年被豆子爷爷和豆子奶奶怀疑是哑巴，没想到豆爸的语言表达能力日后突飞猛进，竟然发展为以嘴谋生的人。聪明的我不到 1 岁就吐字清晰，如今却被豆爸评价表达能力欠佳，真是人算不如天算啊！

我在遇见豆爸之前，没有听过"贵人语迟"这个谚语，豆爸跟我解释的时候，明显带有一些自豪感，使我不自觉地对豆子晚点说话有了一丝期许。

豆子像豆爸，不仅外表像，他全方位地继承了老胡家的气质，他说话的确就很晚，赶上 21 世纪什么都提速，很多小朋友 1 岁就会说句子，豆子不好意思太落后，赶着在 2 岁的时候会说句子了。

豆子一个人玩的时候挺热闹，在隔壁乍一听会以为几个小朋友聊天呢。他把玩具铺一地，然后开始纠结，拿起小汽车说："今天你乖，带你出去玩。"回头看见翻斗车，嘴里言语："大车车，豆豆开大车车。""滴滴，叭叭——""我是汽车小司机（唱）——"他一个人嘴里唠唠叨叨，倒不寂寞。

他要是惦记一样东西，就开始啰里啰唆地自言自语。前些日子豆子在多多那里开"洋荤"吃了巧克力，觉得美味无比，一定要我也买一盒存在家里。"巧克力"成了豆子的碎碎念，睡觉之前絮叨："再吃一个，巧克力。"我们看电视的时候，他就骑着扫把像幽灵一样飘过："巧克力——在哪里——"

豆子喜欢自言自语，经常给我们增添一点笑料，有时也带给我一些思索。他对着空气说："不听话，打屁股。"我难免会猜测，这是在威胁谁呢？他是不是被威胁打屁股的次数太多了，也学会了这招？

心理师爸爸的分析：宝宝的内部对话

> 宝宝自言自语是在创造一个陪伴自己的妈妈或伙伴，一个内心的保护者。他们以此来抵御照料者不在身边的孤独感，这是宝宝自我照顾的开始。不过，宝宝过多或长期用内部对话代替外部对话令人担忧。

◇ 开口说话并非越早越好

说话比较晚的孩子更需要用身体和情感来表达自己。在这样的表达过程中，宝宝可以获得照料者更多的宽容和耐心。照料者不仅要用耳朵听，还需要调动视觉、触觉等更多的感官。相对于纯语言交流，宝宝与大人用这样的方式互动，有利于建立人际关系的完美状态——不说话，对方就能懂。宝宝在这样的互动中获得越多，他们就越能体会别人的情绪和感受，而不只是关注对方的语言传递出的信息。这样成长起来的宝宝，安全感和情商自然也会比较高。

宝宝在与照料者沟通时没有使用语言，不意味着在沟通过程中没有语言的参与。实际上，只要妈妈爸爸在说，宝宝就在听，在接收言语信息，这是一个长期积累的过程。很多词语、句式在宝宝反复接收言语信息的过程中慢慢储存到宝宝的内在意识中。一旦宝宝开始说话了，宝宝积累的语言资料仓库被开启，宝宝就会进入一个语言爆发期，这可以称得上厚积薄发了。

◇ 自言自语是自我发展的一个过程

很多小宝宝像豆子一样，在2岁左右会出现自言自语的现象，这是一个很有意思的成长过程，这个过程的实质是宝宝在把妈妈的形象内化，让内心的妈妈照顾自己，或者说宝宝在学习自己照顾自己。

我们知道，妈妈在宝宝成长初期扮演着极其重要的角色，宝宝在这时期的任何一步发展，包括语言的发展都与妈妈息息相关。在学会使用语言之前，妈妈在宝宝心里主要以图像的形式存在。随着语言作为人际交流工具被越来越多地使用，这一点便迅速发生了变化。当宝宝越来越依赖用语言来达成愿望时，他们也会使用语言来处理内在的事情。

在父母的生命中，宝宝第一次叫"妈妈"或"爸爸"是一个值得纪念的时刻，不管宝宝先叫了谁，都代表着宝宝与照料者最初的语言接触。以这个最初的词为开端，宝宝的语言能力逐渐发展，并将语言作为与他人打交道的主要工具。

一般情况下，与宝宝打交道最多的人无疑是妈妈。当妈妈在的时候，宝宝与妈妈进行面对面的对话；当妈妈不在的时候，宝宝在内心与妈妈的形象进行对话。这时候，原先只是以图像形式存在于宝宝内心的"妈妈"变得更加生动了。随着宝宝的成长，妈妈越来越多地让宝宝自己活动，宝宝也会越来越多地采取"内部对话"的形式与妈妈互动。

这种对话有时是默默无声的，有时宝宝会直接说出声来，也就是我们听到的宝宝的自言自语。宝宝会将妈妈对他的管理转化为宝宝对自己的管理，比如豆子做了一件不被允许的事情后对自己说"不听话，打屁股"，实际上就是豆子在与内在妈妈对话。

随着宝宝的人际关系不断扩展，这样的内部对话不再仅存在于宝宝与妈妈之间，还会存在于宝宝与其他人或事物之间，包括爸爸、小朋友甚至玩具等。所以，我们看到宝宝对着空气或玩具说话，不过是看到了他内在世界的对话而已。

宝宝自言自语是一种普遍现象，其本质是宝宝自我发展的一个过程。宝宝对自己说话，其实是对存在于他们内心的保护者说话，他们用这种方式来抵御照料者不在身边的孤独感。这就是宝宝自我照顾的开始。

不少成年人告诉我，他们受不了独处，必须得有人在他们跟前，他们才能驱赶寂寞。这是一个很大的问题。应该说，他们从小就没有找到自我照顾的方式，停留在了"需要被照顾"的孩子阶段，没有成长。那些有看书、摄影等持续性爱好的人，可以说是找到了自我照顾的方式，书和摄影就是他们的自我陪伴者。一个真正成长了的人具备独处的能力。

孤独的人恰恰是没有独处能力的。他们在独处的时候，感到的是寂寞难耐、空虚不安、孤单，他们极力避免处于独自一人的情境中。

独处的能力从何而来？ 一个在"支持性"环境中长大的人，能够把"支持性"的环境慢慢地"印刻"在自己的内心深处，无论他走到哪里，无论他是否独自一人，他都不会感到孤独、寂寞，因为他的内心有一直陪伴着他的"爱"。宝宝在一个支持性的环境中会获得独处的能力，支持性的情景直接成为其内心的一部分，他就不会长期需要支持性的环境来应对独处时的孤独。

很多男女在恋爱时都喜欢腻在一起，做什么都要一起，其中一个人给自己一点时间去思考自己的问题，另一个人可能就感觉到焦虑。其实这表明他们没有照顾自己的能力，没办法独处。一个人时，拼命给他人打电话，要知道他人在做什么，就是没有独处能力的体现。这种能力缺失恰恰是因为在幼年没有学会自我照顾。妈妈不在，小熊陪着宝宝，宝宝可以和小熊说话；妈妈回来了，宝宝好高兴，又有妈妈陪宝宝说话了。这样的宝宝就是学会了自我照顾的宝宝。自言自语，是一种自我照顾的方式，有利于学会独处。

当然，一个孩子只能自言自语，无法与他人交流，可能是一种自闭的倾向，值得关注。

◇ 内部对话需要转向外部对话

自言自语是宝宝的一种内部对话，是自我发展的必经过程。随着时间的推移，这种自言自语的内部对话会逐渐减少，转向外部对话，孩子会越来越多地和外部真实的人物进行语言交流。如果在这个转换的过程中受到挫折，孩子的语言发展会停止，甚至出现倒退的现象。

曾经有一位妈妈前来向我求助。她9岁的儿子经常一个人自言自语，和他说话的时候，他不愿意回应。

这是为什么呢？

当这对母子在我的咨询室中对话时，我发现了问题所在。这位妈妈非常唠叨，不停地说："你在想什么啊？""你和叔叔说说啊！"……在1个小时的讨论中，妈妈说了40分钟。我向孩子提出了一些问题，他尚未回答时，妈妈就已经迫不及待地代他作答了。每当这种情况出现，小男孩都会看看妈妈，然后低下头。我从他脸上看到的是无奈和委屈。

我还观察到一个现象，妈妈似乎知道儿子的所有情况，但实际上只是出于她的猜想，她对孩子的很多了解都是误解。怪不得孩子不愿意与她说话，因为孩子一说话，她就会很唠叨，她总是按照自己的想法"理解"孩子。

孩子是有表达需要的，由于无法与妈妈沟通，他就会让存在于自己内心两个不同身份的人对话。这有点像木偶戏演员两只手各提一只木偶，让它们按照各自的身份、语气"对话"。我们看木偶戏或许会很开心，但一个9岁的孩子经常这样自言自语是一种很令人担忧的状况。

有的妈妈看着自己一两岁的宝宝自言自语时，会担心宝宝变成这个男孩的样子。只要照料者与宝宝之间的互动是顺畅的，这种担心就是多余的。例子中的男孩在与妈妈的互动中常常遇到挫折，两个人常常是各说各的，所以他不愿意与妈妈交流，或者说不愿与现实中的妈妈交流，只好通过内在妈妈来完成自己表达的愿望。通常，现实中的妈妈带给宝宝太多挫折时，宝宝才会用内在妈妈抵消自己害怕、恐惧、无力的情绪，在心里完成对"坏妈妈"的攻击。

5.5　玩具被抢之后
——如何引导孩子维护自己的权利

豆妈记录：不争不抢小豆子 ／ 2岁1个月

皮蛋哥哥和他妈妈来我家了，托皮蛋爸爸出差的福，皮蛋将下榻我家两天。这令豆子非常欢喜。

皮蛋5岁，上幼儿园中班，无论智力、体力和豆子都不是一个级别的，所以，两个小朋友在一起玩的情形有点"剃头挑子一头热"的味道。哪头热呢？肯定是豆子那头嘛，小朋友总是向往和大朋友一起玩。

豆子热情地拿出自己的家当，叮叮当当地铺了一地，有乐高积木、翻斗汽车、皮球、泰迪熊……小豆子很好客呢！我高兴地想。

豆子在众多的玩具中率先拿起他最喜爱的电话，开始装模作样地拨号，听话筒，表演得太逼真了，这引起了皮蛋的兴趣。大个子的皮蛋哥哥一把抢过机座，啊呃，豆子手里只剩下一个光杆儿听筒，听筒屁股上还连着一条电话线。

豆子措手不及，呆了两秒钟，我在一旁隔岸观火。又遇上抢玩具的事儿了，看他怎么办。皮蛋妈也没有直接插手，而是挑动事态："豆子，加油，抢回来。"我心想：豆子这回要是出手就太长进了。别看我们豆子在同龄人里算个头大的，但从小就是被妹妹们欺负的主儿。

不出所料，豆子动不了手，可怜巴巴地对皮蛋说："谢谢哥哥，豆豆哒（'的'字说不清）。"逻辑是我"谢谢"你，你总不好意思不给吧。赶上有素养的君子时，用这种方式讨要东西还行得通，但现在对方是"超我"① 还不完善的 5 岁小男孩。皮蛋没买账，仍然自顾自地玩电话。

面对比自己高一头的皮蛋哥哥，豆子嘴里不停嘟囔着："豆豆哒，谢谢。""豆豆哒。"皮蛋做出了一定让步——把机座还给豆子，但同时把豆子手里的听筒拿走了。

小豆子块头不小，胆子不大，从来不通过武力交涉。对于皮蛋哥哥的行为，他无能为力，转向一边的我，委屈地说："妈妈拿——"我希望小朋友们自己解决问题，就鼓励他找哥哥要。

正说着，皮蛋拿着机座和听筒跑开了，我拍了一下豆子的屁股，说："上，去跟哥哥要回来。"豆子一边追，一边带着哭腔说"谢谢哥哥"，眼泪都要出来了。

皮蛋妈看不下去了，终于出手了，呵斥皮蛋，让皮蛋马上把电话还给弟弟。豆子拿回了自己的玩具，不过，眼泪还是流出来了。

---

① 人格结构中，由自我分化而来的、道德化了的、代表社会和文化规范的人格部分。

　　唉，豆子怎么会这样呢？我以为抢喜欢的东西是孩子的天性，未教化的小人嘛，总有点原始色彩，就算不主动抢别人的，被强夺了心头所爱总要抢回来吧，好歹你小子是个男人啊！可是，豆子好像比较懦弱，这反而让我有点担心。

　　我们一直希望豆子像个小男子汉，淘气一点都没关系，但一定要有"雄性动物"的特征：勇敢、主动争取和占领。可是事与愿违，这个小朋友斯文得很，从来不出手。当然，讲文明是好的，但是总要捍卫自己的利益吧，为什么这一点在其他小朋友身上就是天然而成的呢？我有时候不得不思考，豆子这样的性格到底是天性使然还是后天养成的？人的性格中到底有多少是遗传因素决定的，多少是受环境影响而形成的？

　　这些问题也不是亟待解决的，紧要的是，豆子快要上幼儿园了，在集体生活当中，势必会遇到不止一起争抢事件，那么他会一直这样被动吗？他可怜兮兮的，他的东西总被抢，会给他带来什么感受呢？会给他的人际交往带来负面影响吗？

　　我开始有点理解某些家长教孩子"如果别人打了你，你就要打回去"时的那种心情了。当然我不会教豆子那么做，坚持让小豆子用文明的方式来维权，毕竟他还小，养成使用暴力的习惯不好。

　　我们不怕豆子在幼儿园吃点小亏，但是他从来不抢别人的玩具，也不抢回自己的玩具，是不是说明豆子不敢或不会主动争取自己需要的东西呢？争取是一种勇气，体现人对自己力量的信心，也是人在社会中的一种生存之道。我希望豆子可以更主动一些，勇敢一些，我该怎么教他呢？

心理师爸爸的分析：正确看待竞争

> 别急，小宝宝还没有真正的竞争意识。等待不是竞争，抢夺也不是。给点时间，让孩子学会区分他人与自我，维护自己的权利，正确地竞争。

父母都希望自己的宝宝能主动、积极一些。当下社会环境中的竞争非常激烈，许多父母都倾向于认为，积极主动的竞争意识是非常重要的。

◇ **年幼的宝宝没有真正的竞争意识**

小豆子一直在被满足的状态下成长，因此他根本不知道竞争的概念。他认为别人拿走了他的东西，自然会还回来。这是他的经验带给他的认知，所以当有人拿他的东西不还的时候，他只会说"是我的"，以此表示他的需要。

现在许多宝宝都被过度满足，这塑造了两种类型的宝宝：一种是不争不抢型的，遇到挫折时认为只要求妈妈帮忙，就一定可以获得满足；另一种是想要就拿的，他们认为自己想要的东西就是自己的，如果在别人手里，那么拿过来就行，所以这种抢夺并非竞争。他们需要在成长的过程中慢慢学会合理维护自我权益，区分他人与自我。

◇ **矛盾的父母：维护自己还是谦让**

父母常会有比较矛盾的心理，既想什么都满足宝宝，又担心满足宝宝后他们会要得更多。许多父母希望孩子懂得维护自己的权利，又觉得谦让是美德。

传统教育提倡先人后己，但是，从人的内心需要来说，肯定是"先己后人"的，教育孩子懂得维护自己的权利也是非常重要的。

宝宝5岁左右会有成熟的道德意识，身边的人对宝宝行为的喜欢与否会影响宝宝对自己行为的判断，他们会通过别人的反应判断自己的行为是被认可的，还是不被认可的。但我们要教育孩子，在某些情况下不要牺牲自己的需要而满足别人，迎合他人的想法。**我们要学会分享，但分享不等于讨好。**

许多父母在迎合别人的需要时就会压抑自己的真实需要，下面这个例子充分表现了父母在引导孩子维护自己的权利时多么矛盾和笨拙。

一个小女孩与比自己大两岁的表哥一起玩时，同样发生了豆子和皮蛋一起玩时的状况——她的小熊被表哥拿走了。她的妈妈对自己的外甥说："你是哥哥，要让着妹妹啊。"但小男孩不愿意把小熊还给妹妹。妈妈又对女儿说："哥哥要玩，你就让他玩吧，你要和哥哥分享玩具。"小女孩本来希望妈妈帮自己要回小熊，听到妈妈这样说，她有点弄不明白了，结果没有如她所愿，小女孩哭了。

妈妈见女儿哭了，又一次让外甥把小熊还给妹妹。小男孩还是不愿意。妈妈没办法，一下就火了，对女儿大声说："你哭什么啊，怎么这样小气?!"小女孩哭得更厉害了。自己感觉无助的时候，还被妈妈大声斥责，内心的无力感可想而知。看到女儿哭，妈妈更加焦虑，一把夺过小男孩手里的小熊，扔得很远。小男孩被阿姨的举动吓坏了，也哭了起来。

这位妈妈感觉到自己的举动不妥当，本来气呼呼的，一下子蔫了，转而安慰两个孩子。两个孩子对她的安慰并不买账，一个比一个哭得厉害。后来小男孩的妈妈来了，姐妹俩花了很长时间才把两个孩子哄好。

过后，我问这位妈妈："当时你是怎么想的？"她说，其实她很想维护女儿的权利，但是因为顾及外甥，所以希望他们不要争夺。我笑了，我说："这么小的孩子，能懂得你的需要吗？"妈妈很尴尬。我问她有没有更好的处理方式。她想了一下，提出一个处理方式：先维护女儿的权益，然后再与女儿商量，是否可以和哥哥一起玩，这样做既维护了女儿，又可以告诉外甥一件事情，那就是如果想要不属于自己的东西，必须经过主人的同意。我告诉她，如果这样处理，那就非常明智了。

值得注意的是，一些一味用讨好的方式进行人际互动的父母，内心往往更希望宝宝能维护自己的利益，这是一种寄希望于让宝宝完成自己内心愿望的典型心理。真实的情形是，他们很难培养有自我的宝宝。原因在于，父母没有什么自我，怎么能让宝宝产生自我认同呢？

◇ 授人以鱼，不如授之以渔

豆妈希望2岁多的小豆子能抢回自己的东西，她对小豆子的期望太高了。这么小的豆子，还不会处理这样复杂的事情。这并不代表他没有竞争力，只是暂时还没有竞争的能力。没有竞争能力的时候，他会害怕，需要帮助。至于将来是怎样的，我们还不能妄加判断，豆子还要经历长期的学习过程。

一个5岁的男孩回家对妈妈说，自己在幼儿园被顽皮的小朋友欺负，不知道怎么办，不想上幼儿园了。这位妈妈来问我她该怎么做，我告诉了她一个办法，她回去实施了，效果很好。她问自己的儿子："有什么办法能让他不欺负你呢？"男孩不知道。她给男孩两个选择：一是被欺负的时候逃跑；二是让顽皮的小朋友知道他不好欺负，以后不敢再欺负他。男孩说自己跑不过那个小朋友，只能选第二个，可是该怎么做呢？妈妈告诉男孩，可以通过学习跆拳道让自己强大起来。男孩接受了，去报名学习，学得非常认真。自此，男孩因为会跆拳道，自信的气场越来越强大，小朋友再也不敢欺负他。

通过有效的方式帮助孩子提高竞争能力，比暗自猜想孩子的将来更加实际。

5.6 搞不清的"你、我、他"
——没有"我"，就没有真正的独立

豆妈记录：搞不清的"你、我、他" ／ 2岁2个月

这要从一起事故说起。

豆子喜欢饮水机，饮水机不仅可以让豆子玩重复打开与关闭水龙头的弱智游戏，充分浪费净水，还可以为他提供很好的掩体。豆子会埋伏在高大的饮水机一侧，幻想自己是勇敢的战士。他"抱枪持械"，蠢蠢欲动地等待敌人出现。

只有豆子看得见的怪兽跑出来了，他大喝一声"不许动——"，从饮水机后鱼跃而出，由于太过激动，他猛烈地撞击了"掩体"，饮水机在"不许动"的威吓声中轰然倒下。

一声巨响，足以把豆子震撼成木头人，臭小子心里明白，事情闹大了。他老老实实地待在原地等我过来收拾他。我不负豆子所望，在确定他没有被砸伤之后，狠狠地批评了他一顿。

不久，豆爸下班回家，豆子扑向爸爸，做可怜巴巴状告状："妈妈骂你。"

哈哈，真行啊，一句话就把豆爸拉入伙了，我批评了豆子，等于骂了豆爸。兴许，这一刻，在豆子眼里，作为靠山的豆爸和他就是一体的，不用分什么你我；也或者我们平时和豆子说话时，称呼他为"你"，他就觉得"豆子"等于"你"。

两岁多的豆子开始学习使用"你、我、他"了，但是如同上文提到的那样，他经常搞混人称。在没养孩子之前，我不知道让他们分清这三个人称居然难度很高，两岁以下的小朋友普遍不会说"我"，他们多用"宝宝"或自己的名字称呼自己。

比如豆子欣赏自己的照片时，会对着照片里的小朋友一阵痴笑。我问他："这是谁？"他会回答："豆豆。"他不说"我"。

我们拿他最喜欢的玩具问："谁的？"他毫不犹豫地答"豆豆哒"，而不是"我的"。

我突然间醒悟，原来很多事情不是天经地义的。我们大人说"你、我、他"，从来都是脱口而出、不经大脑思考的。轮到豆子，我才发现，原来"你、我、他"是很有难度的代词，很抽象，以豆子现在的心智水平，还分不清楚。他知道站在面前的是妈妈，不知道妈妈是"你"，他知道豆子是谁，但不确定"我"是谁，因此，就不要说关系更远的那个"他"了。

站在语言学的角度想想，"你、我、他"还真是个不好解释的问题，全世界的每个人都可以是"我"，全世界的每个人又都可以成为"你"和"他"，这种人称指代太宽泛了，没有确定性。我是谁？谁是我？简直是千古的哲学命题啊，想到这里，我不禁忧心忡忡，小豆子怎么才学得会这么难的问题呢？看着玩得不亦乐乎的豆子，我替他犯愁。

很快我就想通了，怕什么呢，3岁以上的小朋友一般都会说"我"，有道是船到桥头自然直，小孩子的学习方式和成人是不一样的，别看他一直不会，可他听着听着，突然有一天就顿悟了，就分清楚了，这叫孩童的智慧。好吧，来嘲笑一下我的杞人忧天，这是当妈的通病啊。

既然豆子已经跟豆爸说"妈妈骂你"，那么离豆子说"妈妈骂我"就不远了（令人羞愧，居然是这么个例子）。随着自我意识的发展，宝宝将逐渐分清我、你，还有他，他会慢慢厘清两个人的关系、三个人的关系。有一天，豆子定会清清楚楚地说："妈妈，我爱你。爸爸，我爱你。我爱你们。"

心理师爸爸的分析：没有"我"很糟糕

两岁左右的宝宝分不清"你、我、他"，这不是智力问题，而是心理发展的阶段。会说"我"意味着自我正在建立。没有"我"很糟糕，很多成年人的问题恰恰在于自我没有发展好。让我们帮助宝宝建立自我。

◇ 会说"我"意味着自我正在建立

宝宝刚出生时，并不知道自己是独立的个体，他们在身体和心理上都与妈妈紧紧依存，因此他们认为自己和妈妈是一体的。

随着时间的推移，经过身心发展，宝宝在身体上可以自主地离开妈妈了，心理上的自我也慢慢分化出来，他们逐渐知道妈妈是妈妈，宝宝是宝宝。

接下来，宝宝需要弄清楚自己和妈妈的关系：在他们还不是很清楚的时候，又发现还有很多人，因此出现了一些混乱。

从宝宝对称呼的使用上，我们可以看出他们是否真正建立独立的自我，用"我"来称呼自己，是宝宝正在建立自我的显著标志。

◇ **没有"我"，很糟糕**

每个人都会逐渐分清"你、我、他"，并不意味着每个人都有自我，能分清自己和他人之间的关系。许多人即使成年了也没弄清楚自我与他人的关系问题。事实上"你、我、他"只是语言上的称谓，能说"你、我、他"并不意味着能处理好心理层面自我与他人的关系。解决这个问题需要一个过程，那就是在关系中体验，然后把关系内化进内心。

一个人没有"我"，分不清自己和他人之间的界限，会引发什么问题呢？

40岁的梁女士因抑郁的问题前来求助，她抑郁的原因是丈夫忽略了她。每次看到丈夫与其他女性有说有笑，她就很难受。她一再劝说丈夫不要忽略自己，甚至攻击丈夫，但丈夫似乎还是那样。因此，她感到很恐惧，很无力，当然也很愤怒。她没办法集中注意力工作，总感觉自己很自卑。在一次工作中，她出现了一点小的失误，由于家中经济情况不错，失去工作也不致影响生活，因此她辞职了。

在交谈中，她一直强调自己很害怕，没办法面对将来的生活。她觉得身边所有人都不喜欢自己，都很嫌弃自己。很多时候，她想离开丈夫，但觉得自己似乎又没有离开丈夫的能力。其实，辞职之前，她是一名医生，她对自己的评价很矛盾，有时候她感觉自己不错，有时候感觉自己一无是处。

我问她：你是一个什么样的人？她的回答很有趣：大家都认为我比较上进、勤奋，比较安静……

梁女士说的都是别人对自己的评价。这是缺乏自我的典型表现，她的自我形象、对自己的肯定都来自外界的判断和评价。这意味着她的自我价值感很低，总是将努力的方向放在获得他人的认可上。在她的意识中，别人认可了，她才是一个有价值的人。正因为如此，她非常害怕被忽略，被否定。梁女士离开工作岗位后，丈夫成了她生活中的中心人物，她对丈夫的一言一行更加敏感，随时需要从丈夫的反应中得到他的肯定，这样不合理的期待激起了丈夫的不满，也自然让她陷入失望和抑郁的情绪。梁女士没弄清自己和丈夫的关系，在她的意识里，她和丈夫不是"我"和"你"的关系，她希望丈夫满足"我"的需要，这当然是不合理的。

◇ 妈妈怎么帮宝宝建立自我

妈妈是帮助宝宝建立自我的最重要的支持者。宝宝在与妈妈的不断互动中逐渐体会到内心的自我，如同我们前面讲到的镜映作用，宝宝在妈妈那里看到一个什么样的"我"，宝宝就会认为"我"是什么样的。

宝宝非常在意妈妈对自己的反应，他们通过各种感受通道获取这些信息，用眼睛看妈妈的表情，用耳朵听妈妈的话，用身体蹭妈妈的腿，用语言和妈妈交流。获得妈妈的肯定后，宝宝会对自己感到很满意，并逐渐把妈妈的要求内化为自己的需求。宝宝用"我要去"代替"妈妈要我去"，说明宝宝即将成为一个自主的人。

反之，如果妈妈给宝宝的评价和宝宝对自己的感受总不一致，宝宝就不能顺利完成在关系中建立自我的过程。长大后，他的内心常常充满冲突，不能肯定自己的感受。

当然，随着宝宝慢慢长大，接触的人越来越多，他自我建构过程包含的关系也会越来越丰富。但是，无论如何，早期与妈妈的关系是其中最有影响力的。

作为妈妈，我们要用爱给予宝宝积极的回应，帮助宝宝建立和谐的自我，这将是他们一生中得到的最珍贵的馈赠。

5.7 拉屉屉的故事
——让宝宝自我满足

豆妈记录：拉屉屉的事 ／ 2岁3个月

早晨，我在厨房，豆豆在客厅。

他推门进来说要拉屉屉，我擦擦手，快速把他拎到卫生间里的小毛驴便盆上（偏偏今天里面有存水），立马又折回厨房。没有办法，炉子上的锅不等人。

我看了一眼锅，又跑回去帮他擦屁股，并把他扔回客厅，让他继续玩积木。

我还是惦念正煮的饭，就先到厨房，在饭熟之后断了电，想趁着凉饭的工夫去清洗便盆。

从厨房出来时，不见小豆子，我预感不妙，大喝一声："豆子！"

"到！"只听人声，不见人影。

"你在干吗？"

"玩屉屉！"豆子回答得理直而气壮。

　　我心里一沉，冲进卫生间。小屁孩已将便盆抽了出来，还没有采取下一步动作，我顾不上说话，伸出"鹰爪"——晚了！在我碰到他的一瞬，他迅速把便盆倒扣……他狡猾的眼神说明他完全是故意的！他已算准我会出招，故而先下手为强。

　　接下来自然满地"黄金"，而我俩站在"黄金"里……不可言说，我胃部痉挛，废了一副橡胶手套和一条旧裙子才清理完毕。

　　我很生气，后果很严重！我的眼中燃烧着熊熊的火苗，不想看"肇事者"。冷静，要冷静，我决定一个小时不理他。

　　10分钟后，豆子熬不住了，讪讪地跑过来，叫了一连串"妈妈妈妈"，想讨好我。这家伙倒会给自己找台阶，哼，你妈今天火大了，没那么快消停，一边儿待着去。

　　豆子讨了没趣，也懒得再理我，转身自己玩去了。

　　我在"满室余香"中继续沉思，是不是该给他玩泥巴了？

　　弗洛伊德提醒我们，小朋友从1岁左右开始进入肛欲期，他们开始关注小屁屁的感觉，对于尿尿、拉屄屄这类不登大雅之堂的行为非常感兴趣，他们体验到了一种控制的感觉——我可以尿出来，也可以憋着。从今天的事件中可以看出，宝宝对自己拉出来的屄屄饶有兴致，软乎乎，黏塌塌，多好玩哪！如果晚发现一步，说不定他会把自己生产的"黄泥巴"糊上墙，想到这里，我胃里又是一阵翻江倒海。

　　弗洛伊德还说，小朋友的肛欲期度过得不好会对成年以后的他们产生一些不好的影响，譬如他们可能会吝啬、顽固、有洁癖，就像拼命憋便便不肯拉出来的小宝宝一样。

　　试想，如果大人出于"科学养育"的需要，强行要求宝宝每天定时定点拉屁屁，宝宝有屁屁得拉，没屁屁也得拉，宝宝每天都在与大人的抗争中拉屁屁，拉得很愤怒、无奈，拉屁屁和强烈的负面情绪建立起条件反射，那么，这个伴随他一生的生理活动将成为多么扭曲的顽石。同样的拉屁屁，不同的人生，我诚惶诚恐。

因为提早做了功课，知道拉屁屁一事的重要性，我们一直很重视豆子排泄的问题，注意帮他养成乐于拉屁屁的好习惯。豆子还未满1岁，我就开始给豆子讲《拉屁屁》的故事。看过"小熊宝宝"系列绘本的妈妈肯定都知道，其中一本就叫《拉屁屁》。看到书中的小老鼠、小兔子、小猩猩、小熊都自己坐在马桶上拉屁屁，豆子也开始爱上自己的便盆。为了鼓励豆子自己拉屁屁，我和豆爸会在他拉完之后一人亲他一口，以示奖励。

现在，新情况出现了，他不仅能自己拉屁屁了，还要玩，要将自己的手指头变成臭不可闻的"搅屎棍"！这绝对是不可忍受的！

聪明的我决定帮助豆子升华一下，给他一块质地差不多的黄泥巴，以后有空给他买盒彩色胶泥。这叫因势利导，带领他将玩便便的兴趣转向艺术创作领域。

心理师爸爸的分析：让宝宝自我满足

肛欲期的孩子对自己的排泄物感兴趣，还将排便和憋便视为乐趣，从中体验控制感，他们用憋的方式表达抗议、逆反。排便的行为是有某些象征意义的。我们可以在理解的基础上找到帮助孩子的方法。

◇ 小现象中的大文化

1岁多的宝宝一般还不能很好地控制的自己大小便。为什么有些宝宝很早就有这样的能力了呢？那是被大人训练出来的。这样的训练大致能达到两个目的：第一，大人省事情了，既省尿片，又省洗尿片的时间（现在用尿不湿，那就可以省钱）；第二，宝宝更听话，更懂得配合大人，实际上是大人可以更好地控制孩子了。主张把屎把尿的照料者认为，把屎把尿可以帮助孩子建立内在的生物规律，其实这样可能会影响孩子的脊柱发育，甚至会引发一些疾病，除此之外，还可能会影响孩子的心理健康。

很多人喜欢这样夸孩子："看，这孩子多乖，多听话。"这似乎是夸奖，但很多人不明白，这样的孩子几乎没有自我。为什么？因为他们一直在控制中不断服从，不会思考，也不会判断。他们生活在别人的评价、规范、礼仪中。很多人遇见一件事情，不是先想"我想怎样"，而直接想"我应该怎样"。

◇ 被控制出来的问题

大小便是宝宝自己身体排泄的东西，宝宝会在控制自己排泄时，直接感受到自我控制的快乐。很可惜，一些宝宝这样的快乐过早就被父母剥夺了，他们只能顺从，因为顺从的方式可以让他们获得更多的认同。事实上，他们想要控制的欲望并没有就此消失，反而会因为认同于控制者的强大力量，在成年后将压抑已久的强烈控制感表现出来。

在做婚姻咨询的过程中，我经常遇到这样的问题：夫妻双方都很固执，他们总是想用各种各样的方法"改造"对方，实际上他们是在争夺控制的权利。

一些青少年咨询案例中也有很有趣的现象，一些孩子很听话，但妈妈总是认为孩子还可以更好。当孩子真的和我建立起一些关系，开始有所改变的时候，妈妈反而感觉焦虑了。为什么呢？孩子变得有自我了，有自我的孩子是不受控制的。这是妈妈们内心很害怕的事情。她们本来想让我帮忙，把孩子改变成她们想要的那样，结果是改变了，不过没有变成她们想要的那样。这也是很多青少年案例"脱落（咨询需要的次数尚未完成，咨询者中途不来了）"的原因。

◇ **在大小便中获得满足**

上面这些问题的根源到底出现在什么阶段呢？就是孩子两岁左右。

精神分析学认为，这一时期的宝宝处在肛欲期。这个时期宝宝的心理特点是：绝大部分的心理满足都通过对大小便的控制获得。也就是说，在宝宝心理发育的过程中，"我"的概念逐渐形成，虽然他们还没有完整的"我"的概念，但已经有雏形。而"我"的建立就需要通过自己满足自己的方式强化。大小便就是强化"我"的工具，或者说是过程。通过对自己大小便的控制，宝宝会更有"我"的感受。宝宝发现自己能够控制大小便，这是多么让人兴奋的事情，也是多么神奇的事情。通过这样的过程，宝宝会对自己有更强烈的体会：哦，原来我是能自我满足的。

宝宝如果尚未发育到这个阶段，就提前受大小便训练，强制把屎把尿，等于被剥夺了自我满足的机会。很多宝宝对自己的大小便感兴趣，与其说是感兴趣，还不如说是舍不得。为什么呢？他们把属于自己的东西排出体外，而这样的过程并不是他们自愿经历的，因此很舍不得。有趣的是，受大小便训练很早的宝宝长大后往往对自己的东西格外爱护，他们会将这种爱护发展到极致，甚至变成很吝啬的人。

一些宝宝满足了妈妈对自己排便的要求之后，会很自然地觉得，我满足了妈妈，那妈妈也要满足我。宝宝一旦与妈妈形成了这样的关系模式，长大后就无法划清自己和他人的界限。他们的个性特点可能是非常大方，大方到完全没有"你、我"的概念，不懂得爱惜自己的东西，把自己的东西胡乱送人，但内心又充满不愿意。在他们的心中，人和人没有边界，没有你我，比如"妻子是我的，她当然要满足我的所有要求，甚至她必须是一个无条件满足我的'奴隶'式的'妈妈'"。这样的男性绝对不会给妻子独立的空间。

从心理学的角度来看，宝宝在肛欲期一旦受到很大的挫折，性格就会很固执，甚至是很偏执。因为他们在控制下成长，在服从控制的基础上，他们有着更强烈的控制愿望。其实形成这样的控制愿望，恰恰是由于他们在寻找被剥夺的"大小便自我控制的满足"。他们能找到吗？这无疑是"刻舟求剑"，有些东西失去了，就很可能再也找不回来了。这样的人很痛苦，失去控制的感觉令他们恐惧，他们会在寻找自我的路上跋涉一生。

豆妈做得不错，她让豆子自己解决排便问题，避免让他产生强烈的挫折感。

控制大小便的能力是需要宝宝自己去学习的，这样他们会更有成就感。在宝宝自己学习期间，请不要强制宝宝排便，那是在剥夺他们的权利，不是爱，获得满足的不是宝宝，是你自己。有些妈妈问，那孩子学不会呢？我要反问：你见过6岁了还不知道自己大小便的孩子吗？妈妈们需要做的，是引导宝宝体验控制大小便的感觉，教他们学会用文明的方式排便。

慢慢来，训练排便不急在这一时。

有人会问："什么时候开始排便训练最好？"其实，这可以从宝宝生理发育的知识中得到一些线索。要让宝宝对排便训练进行配合，他必须能够控制括约肌，必须能够延迟排便的急迫需要，而且必须会告诉妈妈"要拉臭臭/尿尿"，或者自己去卫生间。在儿童心理发展过程中，所有这些条件具备，大概是两岁时。

我们可以"利用"宝宝对妈妈的爱开始训练宝宝。为了使两岁左右的宝宝自主排便，妈妈要表现得好像对便盆里的臭臭很欣赏似的，仿佛那是一样很有价值的东西，并对宝宝拉出臭臭的行为赞赏有加。这会让宝宝感到很有意思，他们会觉得"原来我身体里的东西可以让妈妈高兴"，于是愿意继续这个行为。妈妈还要告诉孩子：如果你想拉臭臭就叫妈妈带你去卫生间。理论上，这种过程重复多次，去卫生间排便的行为习惯就会养成。实际情况当然没这么简单，宝宝起码需要1个月以上的时间来适应自主排便，甚至更长时间。他们很可能在第二天就忘了妈妈说过的话，也可能便意来临的时候正忙着在玩，顾不上而拉在身上……

在宝宝学习自主控制排便的过程中，妈妈给予更多的鼓励、更多的耐心，会让宝宝感觉更安全、更轻松。

第六章　心理走向独立:

培养人格独立、稳定的孩子

(2 岁半~3 岁)

在妈妈稳定的照料下，宝宝从身体和心理上逐渐走向独立。宝宝去上幼儿园啦，去建立属于自己的朋友关系了。他不再那么害怕离开妈妈，因为，他的心里一直装着妈妈。

6.1 就不睡觉
——宝宝对付分离的小把戏

豆妈记录：崩溃的睡觉 ／ 2 岁 6 个月

你知道一天之中，我最盼望哪个时段吗？毫无疑问，就是晚上豆子睡着之后的那一段时间。豆子进入梦乡后，混乱了一天的世界终于回归清静，时光终于是我自己的了。

如果天使可以赐予我一种魔法，我愿学习神奇的催眠术，将魔杖轻轻一点，豆子就昏昏倒下，嘴角流出哈喇子，然后一觉睡到大天亮。因为，这家伙睡觉的问题实在太让我闹心。

其实他小的时候并不这样，洗完澡，抱着奶瓶喝奶就会慢慢睡着，我怀念那样的时光。

现在，他不再愿意轻易地睡着，也可能是遗传了我的习性，天色越晚越兴奋，我怀疑他长大以后会去搞艺术创作，灵感总在夜间泉涌。据说，晚上不肯好好睡觉是这个年龄段孩子的通病。我在网上一搜，居然找到不止一本专门谈如何让小孩子入睡的书，可见，大家都对这个问题不胜其烦，以致下力气研究，找对策。

8点半，我开始为豆子进行临睡前的程序：

洗温水澡——目的是放松身体，辅助睡眠。我选用的是含有薰衣草成分的沐浴液，薰衣草有安神镇静的作用（对豆子来说无效）。

喝热牛奶——牛奶有安睡作用。对豆子来说，这个作用远不及补充体力的功效来得明显。喝了牛奶，豆子神采奕奕，开始在床上表演高难度体操。

和我一起看书，听故事——和往常一样，我调暗了灯光，调低了说话的音调，放慢了语速。讲完了《我爸爸》，豆子眨眨眼睛说："妈妈，讲个新的吧。"我简直想晕过去，本以为重复讲一个故事比较容易让孩子入睡，一番苦心白费了。应豆子的要求，我开始创作故事："有一天，天黑了，人们都睡觉了，有个小朋友还不睡……"

豆子很好奇："为什么呢？"

"是啊，为什么呢？因为他想听妈妈唱歌。"

"哦，原来如此。"

我拍着豆子的背，轻轻哼起《小毛驴》，这是一首他从小听到大的老歌。"我有一头小毛驴，我从来也不骑，有一天我心血来潮，骑着去赶集……"唱着，唱着，我的眼皮越来越沉，我把自己唱睡着了。后来，豆爸进来看成果，豆子竖起一根手指"嘘——"，豆爸只好把我喊回房间，亲自上阵。

讲完了3本书，陪豆子上了两次厕所，唱了N首儿歌，豆爸向豆子宣布，时间到了，必须睡觉了，于是关上他房间的灯，亲了他的脸蛋儿，说了"晚安"。

不久，敲我们房门的声音响起，豆子找各种理由进来。他说："窗户外面有眼睛。""我口渴了。""身上痒,帮我挠挠。"诸如此类。最后豆子挨了我一通骂,我逼他上床闭眼,豆子哭哭啼啼地在 11 点钟睡着了。

这种日子真让人崩溃。我告诫自己,要调整好心态,和小豆子一起,平稳地度过睡眠问题期。

心理师爸爸的分析: 宝宝应对分离的小把戏

> 拖延时间、激惹父母的实质是一种被动攻击,这是宝宝经常用的自我防御机制之一,为的是不体验内心的无力感。尽管宝宝越来越独立,但分离依然让宝宝焦虑。每一次的分离都需要在被接纳的情形下发生。

很晚都不肯睡觉的状况始于豆子两岁左右。是豆子精力过剩,不需要睡眠,还是他害怕睡觉? 在我看来,这是他应对分离的一个小把戏。他被要求独自睡觉了,但他不想与妈妈分离。他知道,只要不睡觉,妈妈就会一直在他身边。

◇ 越独立越依恋

从豆子会用"我"表达自己的想法开始,豆子就越来越明白自己是一个独立的人了,随着年龄的增加,他对妈妈反而更加依恋。这听上去有些矛盾,怎么回事呢?

其实很简单,想想我们自己就知道了。举个例子:你与某个老朋友时常联系,已经习惯成自然,但是某日你得知这个朋友要去国外了，可能很长时间见不到他，分离的感觉就出现了。这时，你就会体会到一种比较难过的感觉。在这种体验下，你会更珍惜和朋友在一起的时间，你们本来一个月见一次面，现在每周就要见一次甚至两三次面。

小豆子就处于这样的阶段，他正面临又一次分离。人在一生中要面对几次大的分离：第一次是从妈妈身体里出来；第二次是知道妈妈不能完全满足自己；第三次是明白"我是我，妈妈是妈妈"，虽然自己是妈妈的宝宝，但终究还是要独立面对睡觉、上幼儿园等问题；第四次是一次大的分离，发生在青春期，要真正地独立成为一个为自己负责的人；最后一次分离是父母去世。

每一次分离都会让人的内心产生强烈的焦虑感。独立是宝宝要的，但依赖的感觉也是宝宝要的，尤其对母子关系很亲密的宝宝来说，处理这样的矛盾真的需要勇气。

这样的矛盾会表现在宝宝与妈妈相处的时间和方式上。比如，宝宝本来对妈妈的需要已经慢慢减少，甚至在妈妈需要他们的时候，他们还会回避，但一到要上幼儿园或者要单独睡觉的时候，他们对妈妈的需要又强烈了。

妈妈们在这样的情况下更要有耐心。

◇ **处理分离错误的做法**

每一次分离都需要在被包容的情形下进行。一些不懂得宝宝的心理的妈妈当然就不能更耐心地帮助宝宝完成分离的过程，这可能会导致两种情况出现。

一种情况是宝宝无法完成分离过程。当宝宝对妈妈有需要的时候，很多妈妈会无条件地满足他们。比如，宝宝到了需要独立面对睡觉问题的年龄，但只要宝宝说自己害怕或者不舒服之类的话，妈妈的心就软了，马上让宝宝回到自己的怀抱。一些职业女性工作忙，陪伴孩子的时间比较少，常用满足宝宝要求的方式来弥补愧疚，但这样的话，宝宝缺少了一次分离的机会。有的妈妈更加过分，把爸爸赶到另一个房间，自己和孩子睡一个床。孩子刚开始上幼儿园很不适应，有的妈妈直接放弃让孩子去上幼儿园。我不知道这是爱孩子，还是在害孩子。

还有一种极端的情况是孩子产生了创伤体验。父母认为孩子到了该独立睡觉的年龄，就专断地告诉孩子"你必须要一个人睡觉了"，当孩子有一些焦虑的时候，父母就指责孩子。在父母这样的态度中，孩子根本没有机会表达内心分离的哀伤。因为要做个听话的孩子，他们就压抑了分离的情绪。有些父母从孩子上幼儿园开始，就将孩子全托给老师，孩子心中不舍得，但又无能为力。这些孩子内心会有严重的创伤，他们感受不到自己是被爱的，甚至会有被抛弃的体验。这类体验中的恐惧感会一直伴随着他们，影响着他们。

◇ 怎么让宝宝单独睡觉

让宝宝单独睡觉是有一些困难的，因此父母对他们的态度就非常很重要了。

我们需要了解宝宝为什么不肯独自睡觉，他们在经历着什么样的心理过程，然后采取比较温柔的方法，帮助宝宝完成这个过程。

首先，我们可以给宝宝一段适应的时间。刚开始的时候，和宝宝一起制订一个时间计划，其中包括从什么时候开始宝宝需要一个人睡觉了。这会给宝宝一段做心理准备的时间。

然后，告诉宝宝："你刚开始一个人睡觉的时候，妈妈会陪你久一点，等你睡着，妈妈再离开。"和宝宝约定每次睡觉前，妈妈会陪伴宝宝，会给宝宝讲故事，等等。

再次，睡前陪伴宝宝的时间稍微少一点，鼓励宝宝自己面对一个人的时间。

最后，等宝宝快适应独自睡觉时，再强化宝宝的成就感，给予宝宝一些奖励。重要的是，在某一天，用一个仪式化的程序告诉宝宝，"从此，你已经可以一个人睡觉了"。

帮助宝宝找一个物体替代妈妈的陪伴也很重要。可以找一个宝宝喜欢的玩具，让宝宝能抱着它睡觉。

这个过程一定会有反复，宝宝会用身体不舒服、有怪物之类的理由来达到和爸爸妈妈一起睡觉的目的，但我们必须能很好地识别孩子的把戏，坚持原则，温柔而坚定地告诉宝宝，宝宝是要自己睡觉的。

耐心、决心是我们培养孩子独自睡觉过程中所必须具备的。

6.2　谁动了我的枕头
——陪伴孩子成长的过渡性客体

豆妈记录：跟睡觉有重大关系的物件——枕头 ／ 2岁6个月

豆子1岁多的时候，我们为了给豆子的大头找个舒服的靠件，保证大头儿子的睡眠质量。在尊重使用者本人意愿的情况下（在商场由豆子钦点），购置了一个史努比枕头，枕套上一只穿着睡袍的史努比睡得正香，史努比的嘴巴里还流出了一摊口水（这个形象日后深深地影响了豆子）。

对这个枕头，豆子有一见钟情的感情基础，他发自内心地喜欢它。自从把史努比枕头带回家，他每天晚上与史努比相依为命，与这个枕头产生了剪不断、理还乱的复杂感情。我们可以从以下情节中看出这一点：

一、除非他很饿，否则他在任何时间、任何地点看到史努比枕头，都必将以最快速度饱含激情地冲向它，像丢下一枚重型炸弹般，把大头扑倒在史努比的肚子上。

二、不管这个枕头以何种姿势出现——规范地横卧于床头，或被故意摆放成靠在墙上的状态，豆子小朋友都不会嫌弃，而是一如既往地冲过去——卧倒！哪怕枕头靠在墙上，他需要摆出跪倒膜拜的姿势才能把大头放在枕上，也在所不惜。

三、如果顺利完成冲刺——倒头的动作，豆子就会心满意足地开始咂嘴，舔舔史努比，哥俩一起流口水，直到枕头上不仅画了史努比的口水，还洇上豆子的口水。

四、当一群枕头躺在一起的时候，不管别的枕头颜色多么鲜艳、图案多么花哨，豆子小朋友仍然会毫不犹豫地选择洇满了口水的史努比枕头，上面有他的味道。

综上所述，我们看到了小豆子对这个枕头不一般的爱，以及这个枕头对小豆子不一般的吸引力。我和豆爸一度十分庆幸选对了枕头，解决了孩子的睡觉大计，并在朋友中大肆推广"只选对的，不买贵的"的枕头选购经验。

但我们需看到事物的两面性，凡事一旦过了度，将会走向极端。具体来说，小豆子对史努比枕头的狂热喜爱逐渐演变成了一种固执的依恋。他睡觉时必须和史努比同床共枕，不肯拿任何枕头替换他的史努比枕头，否则必闹腾，不睡觉。

须知，我们在商场花几十块钱买的枕头是布织的、由棉花填充的，非金刚不坏之身，日复一日地经受小豆子的冲击和口水侵蚀，史努比枕头终究旧了，"老了"，经不起睡了。在小豆子2岁6个月零3天之际，我们给他买了一个新枕头。考虑到小动物睡觉的形象深入豆子的心，我们特意选了一只穿着睡袍睡觉的米老鼠图案的枕头。

孰料，要睡觉的时候，豆子发现问题，大叫："史努比在哪里？"
没有旧枕头，豆子坚决不睡觉，死活要找他的史努比。

我耐心地跟他说："史努比脏了，不能用啦。"

豆子说："那给他洗澡澡，洗干净就可以睡了。"

"洗不干净啦，里面也很脏，有好多细菌，小豆子睡在上面会生
病的。"

"洗里面，洗干净。"

纠缠这个问题无益，我试图转移他的注意力："你看米老鼠多乖
啊，它也是趴着睡的哦！"

"不要米老鼠，豆豆要史努比！"豆子喊。

"没有史努比，史努比回家了，今天和米老鼠睡！"我的耐心在
消失。

"不要米老鼠，啊——"豆子哭了，哭得很伤心，他亲爱的史努
比不见了。

……

没办法，哭吧，哭啊哭啊总会疲倦的，这一天，豆子11点才睡着。

执着是痛苦的根源。从两岁半的小豆子身上，我感悟到了这个
道理。

心理师爸爸的分析：陪伴孩子成长的过渡性客体

在接受分离的过程中，宝宝需要用一个东西来替代妈妈，
并且与之建立一种相对稳定的关系来抵御内心因分离而产生
的哀伤。

我必须在这里提到一个心理学名词：过渡性客体。

所谓过渡性客体，是指宝宝在成长过程中找到的、象征安全感的完美照料者的替代品。这样的过渡性客体可能是人，也有可能是玩具，或者是宝宝经常用的床单、枕头之类的东西。一般来说，宝宝会更多地选择自己的床单或玩具作为过渡性客体。

过渡性客体的出现与分离有关。在接受分离的过程中，宝宝用一个东西来替代与自己分离的"妈妈"，并且和这个东西建立一种相对稳定的关系，来抵御内心因为分离产生的哀伤之感。这完全是无意识的。

豆子找到了属于自己的过渡性客体。从他对枕头的依恋中，我们完全可以看出他内心对妈妈的依恋，他将对妈妈的依恋转移到了枕头这个依恋对象上。他需要这个过渡性客体一直稳定地在那里，这虽然有点"画饼充饥"的味道，但这样的"饼"确实是他需要的。

很多妈妈不明白为什么孩子特别迷恋一个物件，有时候甚至会用大人的思维和判断方式剥夺孩子这样的迷恋，比如，被子旧了换新的，玩具破了就扔掉，等等。这样的行为会直接影响孩子内心的稳定关系，导致孩子因为分离而产生的创伤感非常强烈。用这样的物品陪伴自己，本来就是孩子用来面对分离的权宜之策，如果这样的陪伴也被剥夺，那孩子是承受不了的，会有创伤体验。豆子的体验就是创伤体验，他焦虑、恐惧、愤怒、无力。

宝宝需要这样的过渡性客体可能是暂时性的，也可能是长久性的。幼年的时候，我就有过这样的经历。

3岁那年，妈妈带我去外婆家。中午，妈妈哄我睡觉，说等我睡觉起来就给我吃好吃的。等我一觉醒来，发现妈妈已经离开外婆家。原来她是骗我的，因为她有事要办。我找不到妈妈的时候，一下就体会到了恐惧感。我很害怕，当然也很愤怒。不过，一个3岁孩子的情绪一般是不会被大人体会到的，特别是在那个家里孩子很多的年代里。我不停地哭，站在门口等妈妈回来。可是，妈妈一直不回来，一天都没回来。一开始外婆还哄我，后来估计她也烦了，就不管我了。在极度恐惧下，我找到了妈妈穿的拖鞋，并且穿上那双拖鞋，在门口等妈妈。这是我记忆中最早的场景。那双拖鞋就是过渡性客体，象征着妈妈。后来外婆跟我说，我那几天连睡觉也要穿着那双拖鞋，要不就不肯睡觉。

说到这里，我要给大家提个醒：不能欺骗孩子，不得不分离时，要将真相告诉孩子，特别是在孩子很小的时候。孩子需要过渡性客体，除了前文说的分离哀伤，还有分离创伤。也许我们并不明白他们的分离创伤体验是怎么形成的，但我们最起码要尊重孩子，要知道孩子这样做一定是有原因的。尊重孩子，就不要随便忽略或者剥夺他们的情绪和感受。

现代社会，许多妈妈是职业女性，她们中的很多人在产假结束后就开始上班，不得不把宝宝交给老人或保姆带。对此，我的建议是，如果条件允许，妈妈尽可能陪伴孩子3年；如果条件不允许，也要努力让宝宝有个稳定的照料者，不能频繁更换照料者，以免孩子不断地体验分离，受到创伤。

曾有一对父母前来向我咨询。他们的儿子9岁，读4年级，不愿意一个人睡觉，每天晚上都要他们陪着。这对父母为此很苦恼。

通过他们对孩子婴幼儿时期的讲述，我找到了原因。

原来，妈妈在男孩3个月大时就回单位上班了，由外婆照顾男孩。外婆也在男孩4个多月的时候回了老家，他们请了保姆照顾孩子。因为他们白天要上班，所以孩子晚上是和保姆睡的。不知何故，他们家请的保姆都做不长，在男孩2岁以前，家里已换了10多个保姆，待时间最长的保姆也就在他们家工作了半年。

男孩本来有个2岁开始就一直玩的小恐龙玩具，一直视其为宝贝，但妈妈不知道这个小恐龙对他来说意味着什么。男孩5岁时，他们搬了一次家，妈妈看到小恐龙玩具已被他咬得很烂、很旧了，未经他同意，就把恐龙扔掉了。

男孩本来独自睡了一年，但从那以后，男孩晚上不肯独自睡觉了，一定要钻到爸爸妈妈的床上，让他们陪着，一直到9岁还这样。因为一直很少有时间照顾男孩，妈妈为了弥补心中的愧疚感，就允许了他的行为。但妈妈也知道，这样下去，对孩子的成长不利，因此处于两难的状态。

很显然，过渡性客体对孩子的成长很重要，对于生活在这种照料者极度不稳定的家庭中的孩子尤为如此，他们要经常经历分离，没办法建立安全感和稳定感。在未经孩子同意的前提下，扔掉孩子的过渡性客体，会让孩子的创伤感加剧，作为补偿，其他的非理性依恋行为就可能出现。

一次聊天中，一位妈妈跟我说起类似的事情。她的女儿上大学那年，她帮女儿准备了很多生活用品，女儿却把自己那条几乎已经褴褛得像破布条的枕巾带到了学校。她不明白，女儿这么大了，为什么睡觉还要咬着枕巾，她甚至还为此和女儿吵过架。她好几次想把枕巾扔掉，但担心女儿会和自己吵架，就一直没扔。她总觉得女儿把那条枕巾带到学校不妥，它已经破得不像样子了。

我告诉她，幸好她没有自作主张扔掉女儿的枕巾，否则女儿可能会恨她。我建议她和女儿好好谈一下，把旧的枕巾放在新的枕头里，这样就可以解决彼此关心的问题。

孩子如果对某个东西特别依赖，就可能是在用这个东西防御内心对分离的恐惧感。我们不要随便决定这个物品的命运，让孩子自己决定。

豆子的过渡性客体过早地被剥夺，很可能会让他有创伤体验。我建议豆妈把史努比枕头还给豆子，我们和他一起处理他的过渡性客体的命运。

6.3　不许打妈妈
——与孩子建立健康的家庭关系

豆妈记录：啊，不许打妈妈 ／ 2岁9个月

　　星期天，我和豆爸窝在沙发上看电视，豆子在一旁鼓捣他的"锅碗瓢盆"，专心做他的大厨梦。

　　我们看的是电影《我的老婆是大佬》，电影中女主角彪悍的作风深深打动了我，使我忍不住提起拳头拿旁边的豆爸开练。按说这种"暴力情节"不应该在小孩子面前上演，但我也是花拳绣腿，没有真打。我打豆爸的时候，豆子抬头瞄了我一眼，继续切他的"菜"。但面对我的拳脚，豆爸是断断不会求饶的，他奋起反击，捍卫权利，一把捉住我的手腕。就在这时，豆子生气了，他扔下手里的餐具，霍然起身，大叫："啊，不许打妈妈！"

　　这个场面实在太感人了，我几乎要热泪盈眶，刹那间，两年多来的劳苦灰飞烟灭，心中涌动一股爱的热流。儿子，妈妈真是没有白疼你啊！

有人撑腰，我耀武扬威地对豆爸说："来啊，你来惹我试试！"豆爸黯然神伤，他被儿子打败了。那天晚上，豆爸跟我说："老婆，咱们生个女儿吧。"

当初，小豆子尚未面世之时，我和豆爸都盼望我们的孩子是个女孩。我一度有小小的遗憾在心。可是，亲爱的豆子用行动粉碎了我的遗憾。民间有说法，"女儿是妈妈的小棉袄"，其实，豆子就是我的男式小棉袄，倍儿贴心，倍儿暖和。

我是家里的大厨，每天在厨房里辛勤劳作，鼓捣出各式菜肴给俩男人吃。一个厨子最大的心愿是什么？肯定是得到食客对菜式的赞许。我家"老男人"是懂心理的，但他嘴刁。他总是使用转折句，先假意首肯，说"挺好，不错"，然后再说出关键——"要是肉再多点就好了……""要是加点糖我就更喜欢了……"很不幸，我是学中文的，从来不看转折句的前半部分，所以，豆爸的回答总是让我窝火。

再听听我和我儿子的对话：

"妈妈做的菜好不好吃？"

"好吃。"

"怎么好吃啊？"

"有幸福的味道。"

我简直要晕了。儿子的回答让我觉得再麻烦的工序、再长的时间都是值得的。麻烦算什么，那是为了让儿子体会幸福的味道啊。

纵然豆子会把客厅变成垃圾场，会在临睡前折磨我最后的耐心，会打翻我的香水，让我心疼得倒抽冷气。但是，关键时刻，是他为我挺身而出，阻挡了豆爸的"黑手"。在我像只绿头苍蝇一样忙得脚不沾地时，是他捧着一锅毛线做的面条来到我身边，对我说："妈妈，吃面吧。"甚至体贴地问："要不要加点泡菜？"怎能不让我感激涕零，无怨无悔？

造物主创造男性和女性，就是为了让他们相爱的，这种爱跨越年龄和身份，使得儿子"恋"母，女儿"恋"父。当然，他们会长大，会懂得尊敬和爱戴自己的父母。我看过一部瑞典电影，叫《其实在天堂》，令我记忆深刻的一个片段是：童年时期的男主角躺在小床上，看着陪他入睡的妈妈，郑重地告诉她："妈妈，长大了我要和你结婚。"这大概是隐藏在每个小男孩心中的愿望吧。

小豆子很爱我，想到这里，我就很开心。

心理师爸爸的分析：同孩子建立健康的家庭关系

> "不要打妈妈"看似是玩笑话，其实是孩子内心愿望的反映，也是家庭关系的呈现。妈妈不要开心得太早，宝宝需要与爸爸妈妈建立健康的亲子关系。

豆子越来越大，对于情感，他已经很敏感了。

孩子在2~3岁时，会与妈妈以外的人发展人际关系。在这个时期，孩子会有一个特别怕生的时间段，并不是因为他害羞，而是因为他需要掌控感：当有陌生人侵入他和妈妈之间的关系时，他会有一些害怕，所以怕生是一种正常状态。当他发现和别人建立关系也能给他带来满足体验的时候，他便会热衷于跟其他人建立关系了。在这个过程中最重要的一个人就是爸爸。爸爸适度进入孩子与妈妈的关系，会把孩子从妈妈身边拉开，让孩子和妈妈的关系稍远一些，以便孩子发展其他的关系。如果爸爸不能插进孩子和妈妈的关系，就会给孩子带来麻烦。有些人成年后还只能与妈妈建立关系，哪怕他们已经三四十岁。这种现象常见于一些单亲家庭、爸爸经常缺席的家庭，或者爸爸在家里没有发言权的家庭里。这样的家庭结构导致孩子到了三四十岁都还唯妈妈是尊，非常看重妈妈的体验，很孝顺妈妈，同时和妈妈之间冲突不断。这很像婴儿6～12个月的状态。

爸爸适时进入，可以使妈妈和孩子的关系不至于太紧密，对孩子以后社会化和成为自己是非常有利的。但很多父亲没有意识到这一点。

2岁多的孩子并没有完全脱离与妈妈一体的状态，但也懂得妈妈是妈妈，爸爸是爸爸。最有趣的是，很多男宝宝都会在无意识中有维护妈妈的愿望。维护妈妈，其实是希望和妈妈永远在一起。而宝宝这个利己动机往往会被妈妈按照自己的愿望解读，妈妈可能认为：儿子生来就是保护妈妈的，儿子和妈妈最亲。当然，这可以满足妈妈被人保护的愿望。那些感觉丈夫不是很爱自己的女性更可能有这样的心思。她们可能直接利用儿子的行为，使她们和儿子的关系更紧密。这可能会让家庭中的亲子关系发展为病态的纠缠。

在一次家庭治疗培训中，我遇见这样一个案例。

这对夫妻的关系很疏远，互相抱怨，甚至怨恨，出于对16岁的孩子沉迷网络的担忧，他们带着孩子一起来到我的咨询室。我们见面的时候，妈妈一脸木然，爸爸脸上神情焦虑，儿子则一副无所谓的样子。当他们挑选自己的座位时，家庭关系立刻显现出来了。妈妈第一个坐下来，儿子很自然地坐在她身边，爸爸就只能坐在另一边。从这样的位置来看，妈妈是中心，是联系儿子和爸爸的关键，但这位妈妈一点也没有意识到。

当我问这位妈妈自己在家里是什么角色的时候，妈妈说："我没有地位，只能满足父子俩的需要，基本就是个保姆。"妈妈说话的时候，儿子听得很仔细，爸爸则把头侧到一边，或许他听过太多这样的抱怨了。而爸爸说话的时候，儿子仍只关注妈妈。儿子和妈妈很亲密，起码儿子是这样表现的。

这样的家庭结构怎么可能不出现问题呢？

在谈话的过程中，我发现，儿子很想满足妈妈，很想让妈妈开心，可是，他没有能力。他的妈妈总不开心，这样的无力感让他很受挫，而且令他感到愤怒，所以他对妈妈的情感很矛盾。他想离开妈妈，又担心妈妈因为自己的离开而更加无助，他不知道怎么办。在网络里，他可以完全忽略这些体验，并且能找到真正属于自己的快乐，因此，网络成了他逃避关系冲突带来的焦虑感和挫折感的工具，他可以借助网络幻想成为自由的自己。

我想，这个男孩小的时候一定很像小豆子，会在与妈妈紧密的关系中获得满足。妈妈也一定很溺爱这个孩子，只是她可能在溺爱的过程中控制了这个孩子的一切，包括阻止他与爸爸互动。而爸爸由于工作等原因，没有和孩子建立比较好的亲子关系，很难成为让孩子与妈妈分离的中间人，也难以成为孩子进行自我认同的榜样。

一些妈妈为什么把全部注意力都放在孩子身上，与丈夫的关系危机四伏、矛盾重重？这仍要归因于女性的自我价值问题，一句"男女平等"并不能直接提升女性内在的价值感。因为缺少这种内在价值感，她们需要丈夫满足自己。一旦丈夫令她们失望，她们就会寻找一个替代品，把注意力放到孩子身上。她们会在孩子面前数落丈夫的不好，用低落的情绪传递出丈夫对自己的伤害。内心爱着妈妈的孩子都会有要保护妈妈的愿望（其实不是保护，是爱），孩子自然会像妈妈的保护神一样站在妈妈这边。

假如这样的情景和关系一再被强化，父母没有用和谐的关系打破孩子内心的担忧，那家庭结构就会出现问题，关系也自然会出问题。

父母可以与孩子交流家庭问题的真相，并告诉孩子爸爸妈妈将努力解决家庭问题，继续相互爱护，这样孩子就不需要猜测，能够与父母建立比较健康的家庭关系。

有些妈妈问我，为什么自己的孩子只能和一个小朋友做好朋友，当这个好朋友有其他朋友时，他们会很伤心、很愤怒。我告诉那些妈妈：孩子的亲子关系没有建立好，问题往往出现在她们与丈夫的关系中。

"不要打妈妈"看似是玩笑话，其实是父母内心愿望的反映，当然也是关系的呈现。听到孩子这样说，妈妈们千万不要开心得太早，这可能意味着孩子开始失去自我，而始作俑者可能就是妈妈！

6.4 幼儿园焦虑
——分离需要被接纳和理解

豆妈记录：幼儿园焦虑 ／ 2 岁 10 个月

终于替豆子报了上幼儿园的名，我们前前后后考虑了一年多。

3 年前，我看见小区论坛里的妈妈们说起幼儿园就激情燃烧、凡是关于幼儿园主题的帖子必火时，很不屑，认为她们小题大做，夸张炒作。我跟豆爸说，以后豆子随便找个幼儿园上就行，一颗豆子，扔哪儿不是长？豆爸说是。那时我们的样子很洒脱。

结果轮到豆子要上幼儿园的时候，我们依然不能免俗。我遗憾地承认，之前的洒脱是因为理想化了。刨去遇到生育高峰、幼儿园名额紧俏等客观情况不谈，我只谈谈对分离的焦虑吧。

两年多来，我一直盼望豆子入园的时刻，每当我被他搞得不胜其烦，想抛下他独自去清闲而不成时，我就鼓励自己：再坚持一下，等他上幼儿园，一切就好了。幼儿园作为一个未来的人生刻度，向我展示了一幅自由人生的图景，鼓舞着多少我这样的妈妈再咬咬牙，坚持下去。只要宝宝上了幼儿园，我就再也不用绞尽脑汁地准备他的早餐，届时我想吃馒头吃馒头，想喝咖啡喝咖啡；我再也不用手忙脚乱地周旋于客厅和厨房之间，不用陪他睡午觉，不用像个傻瓜一样在床上和他蹦来蹦去，还要弓着身子给他当山洞……我可以一直看书，可以约人逛街，可以随便糊弄一顿午餐，总之，漫长的白天就属于我一个人了。豆子上幼儿园之日，便是我解放之时。

然而，眼见着豆子上幼儿园的日子越来越近，我心里却越来越不舍。晚上，豆子睡着了，我端详着他熟睡的小脸，想着他就要离开我走向外面的世界，心头涌上了万般滋味。

豆子真的长大了，他从一个襁褓里的婴儿慢慢长成了会坐、会爬、会走路的宝宝，从一步也离不开妈妈，到挣扎着跳下我的怀抱往外面跑，他正一步一步地独立。将来有一天，他会离开我们的家，拥有他自己的生活。

我一直在盼望着他长大、独立，却忘了他的独立伴随着与我分离。现在，他要上幼儿园了，我猛然发现，我们形影不离的日子就要结束了，非常伤感。

豆子不知道这一切，他在睡梦中，不知道我正在深情地凝望着他。也许此刻，他正在梦中憧憬幼儿园里热闹的生活。

在为上幼儿园做准备这个问题上，我们更关注的是豆子的分离焦虑，怕他不适应新环境、新生活。我听过太多关于小朋友初上幼儿园哭得声嘶力竭的传说，因此，我们采取了很多措施来预防这个可能出现的问题。比如带他去幼儿园门口玩，让他观摩幼儿园里面的集体生活，正面积极地向他进行解说："那里面有很多小朋友一起玩、一起吃饭、一起睡午觉，老师会带着大家做很多游戏……"说得豆子趴在幼儿园的栏杆上，对未来生活无限神往。

因为"只有乖孩子才能上幼儿园"，豆子努力自己吃饭，不用我们喂，还把乱七八糟的玩具收进箱子里，尽可能表现得乖一些。目前看来，他是很愿意上幼儿园的，他表示跟妈妈说"再见"后不会哭。至于真到了那天，他会不会因为要离开我一整天而难过，会不会难过得哭起来，那是未来的事了，豆子小朋友不会提前焦虑。

倒是我事到如今才知道，并不是豆子离不开我，而是我对他有更多的眷恋。原来，我们共同度过的日子并非如我想象中的那么漫长，不知不觉间已经快3年了。和豆子在一起的每一天都值得我好好珍惜，等他长大，这些日子就会变成回忆，看得见，却摸不着。

想到这些，我感到既幸福又伤感，下决心明天和他玩那些无聊的游戏时不再敷衍他，我要认真地扮演小怪兽，认真品尝他做的塑料汉堡包……

心理师爸爸的分析：解除焦虑，迎接美好新生活

> 初上幼儿园的分离带来的焦虑，对被过度满足的宝宝和过分依恋孩子的妈妈都是一次大考验，但这也是学习处理分离的机会，分离需要被接纳和理解。

◇ 分离带来的焦虑

上幼儿园对于宝宝来说是件大事情。这表示宝宝真正开始从家庭走向社会。他们需要和更多的人建立关系，发展自己的人际网络，独自处理很多自己的事情，并且获得更多属于他们自己的快乐。

很多妈妈说在送宝宝的路上，宝宝还很开心，但宝宝上幼儿园

的校车或者进幼儿园大门时，就会非常悲伤，有时甚至哭得撕心裂肺，弄得妈妈心里很难受。更有甚者，去幼儿园几天了，还每天都哭，不愿意和其他小朋友一起玩。该怎么办？

应该说，初上幼儿园的小朋友都难免会有分离焦虑，毕竟初次到一个完全陌生的环境，并且还要在其中待一整天。他们在幼儿园里见不到早已熟悉、依赖的照料者，过的也是跟平常在家时很不一样的生活。不过，多数小朋友在父母和老师的安慰之下，能很快平复，融入新的环境。

那种有持久、强烈分离焦虑的小朋友，一般和妈妈的关系建立得不太好，或者说和妈妈的依恋关系出了问题。问题往往不在宝宝身上，更多是因为妈妈没有很好地意识到宝宝上幼儿园之前心理发育过程中的需要。可以这样说：宝宝对上幼儿园过分焦虑，绝大部分是妈妈的问题。

看到这里，有些妈妈可能会焦虑，会说"这个豆爸太武断"，甚至给我扣上性别歧视、大男子主义的"帽子"。

简单来说，妈妈和宝宝的关系是一个动态发展的过程，如果其中的一个关键点出了问题，那么这个问题就会产生一系列的影响。

依恋关系建立得好的宝宝会比较有安全感，可以享受人际关系以及发展自我空间带来的快乐；而一些在依恋关系上出现问题的宝宝则没有能力发展自己，建立人际关系的能力比较弱，依赖性很强。依恋关系的雏形是在宝宝3岁以内形成的，这个时期，宝宝在心理上与生理上都和妈妈紧密联系。因此，在依恋关系的形成中，妈妈起到了决定性的作用。

一些妈妈虽然一直照料宝宝，但没有关注宝宝内在关系模式的建立。这些妈妈将宝宝照顾得太好，替代宝宝做的事太多，使宝宝没有机会和空间体会自己、与自己独处，完成自我满足的过程。

妈妈把宝宝照顾得太好，反而会让宝宝失去很多能力。宝宝对自己的能力不自信的时候，对独自面对外面的世界是抗拒的，而不是憧憬的。很多孩子回避去幼儿园，其实就是在抗拒。并且，在他们的意识里，只要哭，他们就可以获得一切自己想要的东西。

可见，太爱孩子的妈妈未必是好妈妈。相反，注重培养孩子的独立意识、尊重孩子成长的妈妈会培养出更自信的孩子。这样的自信是最原始的自信，因为自信，宝宝更愿意去接触外面的世界，从而在接触中获得更多的满足。而不自信的孩子感受到的是挫折。

◇ **如何处理妈妈自己的焦虑**

对于宝宝上幼儿园的问题，我有自己的看法。宝宝上幼儿园焦虑，看似是一个让人心疼也让人头疼的问题，但这也是一个处理妈妈内心与宝宝分离，以及宝宝内心与妈妈分离的机会。

有一些妈妈对宝宝的需要多过宝宝对妈妈的需要，全职妈妈尤其如此。宝宝去幼儿园给这些妈妈带来的感觉类似于失业的空虚感，这种感觉的来源包括价值感的变化，以及被需要的感觉的消失。很多妈妈的自我价值建立在被人需要的基础上，一旦需要自己的对象离开，她们被需要的感觉就会降低，自我价值也会跟着降低。假如你是这样的妈妈，那么在这样的时候，你就需要去寻找另一件可以给自己带来价值感的事情来做。

妈妈对宝宝的需要过多，是宝宝心理发育最大的障碍。这样的妈妈会在无意识中阻止宝宝独立自主，不允许宝宝建立稳定的自我。

宝宝在幼儿园时可能体会到两方面的挫折：一、与妈妈从共生状态分离；二、在无意识中，宝宝的价值感会忽然降低（他们会在无意识中认同妈妈的方式，以被需要来获得自己的价值）。

◇ **如何帮助宝宝解除焦虑**

陌生的环境一定会给人带来好奇，这是天性。一个从很小就被允许探索未知事物并因此获得满足的宝宝，会很期待去陌生环境中发现新事物。陌生环境也会带给人不确定感，这样的感觉会使人产生焦虑，这是正常的。宝宝如果一直被照顾，从来没有自主探索过或者自主探索的成就经常被剥夺，那么在陌生环境中自然会以焦虑为主导情绪。

上幼儿园给了宝宝一个完成自主探索的机会，在这个过程中产生的焦虑情绪是需要被理解和容纳的。妈妈需要理解宝宝的焦虑，不要粗暴地把孩子塞给老师，可以和宝宝举行一个"郑重"的告别仪式，告诉宝宝，妈妈下午会按时接他，然后慢慢地从幼儿园撤离。如果孩子的焦虑没有被理解，怎么可能解除焦虑？

6.5 你的"小鸡鸡"呢

——给孩子最基本的性别确定

豆妈记录：你的"小鸡鸡"呢 ／ 2 岁 10 个月

多多是豆子青梅竹马的妹妹，与豆子同年同月生，只是不同日。我们住在一个社区里，两个小朋友基本上天天见面，关系非同寻常。

早在他俩都还只能躺着哼唧，被大人放在同一张小床上时，豆子就会主动搂住多多的肩膀，把胖胖的胳膊枕在多多的脑袋下，样子十分亲密。我们还专门留了照片，照片上两个人都笑容可掬，满脸幸福。

那时，他俩经常睡在一张小床上，百无聊赖地听大人聊天。后来有一天出了事。因为无事可干，俩人就互相摸索，包括对方的身体，多多手快，一把抓住豆子的小鸡鸡，想来这应该算豆子人生中第一次遭遇"性侵犯"。幸好他还没来得及体会就被我火速抱离。

豆子和多多依然经常在一起玩，一起爬草地，一起蹒跚学步，感情很好。渐渐地，他们都快 3 岁了。今天下午，"王子"和"公主"

在大花园里说了一段经典对话。

多多被她妈牵到一边去尿尿，豆子也跑过去凑热闹，他蹲下来问："多多，你干什么呢？"

"尿尿。"

"你为什么蹲着尿尿？"

这么深奥的问题让多多很为难，多多妈替她回答："因为她是女孩子。"

"哦——"豆子顺嘴答应，貌似明白，其实不懂，所以他怀着强烈的探究欲，继续埋头寻找答案，然后他发现了问题所在，惊呼："你的小鸡鸡呢？"

多多非常镇定地回答了这个问题："我没有小鸡鸡。"

多多妈回头把这段对话告知了我，我们俩为此大笑了一番，然后感叹：长大了啊，长大了，小朋友发现男女有别了。其实，我对豆子的生理卫生教育进行得比较早，他1岁多的时候，我一边洗澡一边掰着他的手、脚、胳膊、大腿等身体各部位，逐个给他讲解。我讲到"小鸡鸡"的大名、小名时与讲脚指头时，豆子的反应没什么区别，实际上，那个时候豆子对脚指头的兴趣远大于鸡鸡。他对小鸡鸡的认识是：这是用来尿尿的。由于是自体探究，没有对比，他大概以为每个人身上天生都有一个鸡鸡，直到今天，一个惊天秘密才被他亲自发现。我不知道这是因为他观察能力增强了，还是因为他的关注方向发生了转移。

不管怎样，这个发现是件好事，促使豆子的两性意识进一步深入。他知道了男孩和女孩的身体是不同的，有非常具体的、本质的区别。随着豆子年龄和阅历的增长，他还会发现更多两性之间的奇妙差异，体会到身为男性应该拥有的特点，比如胆子大、力气大，喜欢汽车、手枪、足球……

两性是一个永恒的话题，上至成人，下至小儿，都用各自不同的方式关注这个事情。临睡前，豆子向我提出了白天悬而未决的问题："妈妈，女孩子为什么没有小鸡鸡呢？"我很高兴地接受了这个提问，我心中早有准备，如法国著名儿童精神科医生马赛·拉夫所说，当孩子还没有准备好接受科学的答案时，不如用更为诗意的方式来回答有关性的问题。

于是，我告诉豆子："男孩子像小树，女孩子像花朵，他们是不一样的……"

心理师爸爸的分析：宝宝的早期性教育

宝宝生下来就有性的能量，只是性能量的释放是通过不同器官进行的，父母对此应有正确的认识。当宝宝开始对自己身体感兴趣时，要告诉他们一些关于身体的信息，以免引起不必要的误会。

性教育可以被更广泛地称为最初的生理教育，与生命起源的问题相关。

有一位妈妈曾告诉我一个笑话。她说自己 3 岁的儿子对垃圾桶很感兴趣，每次她要扔垃圾的时候，儿子总是表现得很焦虑，所以每次儿子都要自己去扔垃圾，妈妈并不知道儿子为什么这样。

有一次，她的婆婆去扔垃圾的时候，儿子说："奶奶，不要把宝宝扔了。"并露出想哭的样子。婆婆很疑惑，就把这句话告诉了她。这位妈妈想了很久，才想起有一次和儿子开的一个玩笑。

前段时间儿子问她，自己是从哪里来的，她随便说了一句"是从垃圾桶里捡回来的"。

这个故事说明这位妈妈对孩子的性教育是失败的。一个无意的玩笑有可能给孩子造成很大的困惑。

◇ 性教育从什么时候开始

我上学的时候，几乎没接受过性教育。很多孩子的性教育几乎都是在自我摸索中完成的。性的烦恼，引发了那个年代许多孩子的心理问题，那时候很多人还不了解心理咨询师这个职业。

豆子到了对自己身体感兴趣的年龄，我必须要告诉他一些关于他的身体的信息，以免引起不必要的误会。

很多家长都不知道，该从孩子多大开始对孩子进行性教育，也找不到一个科学合理的解释。有人说要从孩子5岁开始，有人说要从孩子10岁开始，还有人说从孩子青春期开始，等等。我认为，性教育是个很广泛的概念，性不光指生殖器官、两性结合这类问题，还包含性的心理、性的自然状态等。因此，这是一个从孩子有自我意识起就应该开始慢慢渗透给孩子的问题。

宝宝生下来就有性能量，只是他们通过不同的器官释放性能量。大体上说，0～1岁的宝宝通过吸吮妈妈的乳房获得性满足；1～3岁左右的宝宝会通过排泄的方式获得性满足；3岁左右，宝宝进入性蕾期，开始能够从生殖器上获得满足感了。

　　有些妈妈对孩子的小行为难以启齿。比如有的妈妈发现3岁左右的女儿竟然在睡觉的时候，通过夹紧双腿摩擦的方式使自己双脸潮红，到达类似性高潮的状态。道德感比较强的妈妈会指责孩子，绝对不允许孩子做出这样的行为。

　　在这里我需要向一些妈妈澄清，孩子的行为是无意识的，不是孩子有什么不正常，他们只是通过这样的方式释放自己多余的性能量。顺其自然，这样的行为也就消失了。强行阻止也许会引起孩子的好奇，强化他们这样的行为。

　　面对孩子的性行为，我们应该怎么做、怎么说，在很大程度上取决于孩子的年龄和性行为的类型。一个三四岁的儿童抚摸私处体会到的更多是一种生理感受，很可能某次无意的动作让他觉得舒服，他就做出了下一次的行为。他还无法从道德层面上理解这件事的含义，因此他做这种动作同一个8岁孩子做同样动作的意义完全不一样。

　　父母撞见3岁左右的孩子有这类行为时，可以怎么做呢？最重要的是不要当场责骂孩子，不要让孩子觉得抚摸私处是一件肮脏的事情，也不要威胁孩子再这么做就要惩罚他，这些会让孩子认为身体的这个部位是令人羞耻的，抚摸这个部位的行为是罪恶的。父母可以什么都不要说，或转移孩子的注意力。

　　如果孩子上了小学还经常做出类似的行为，甚至让爸爸妈妈或别人看见就是一种症状了，这与幼儿随意摸生殖器的意义是不一样的。这可能表明孩子有某种没有被解决的焦虑，家长们要关注这一点，必要的时候需要请心理医师为孩子诊治。

◇ **性别认同**

对于豆子来说，让他更早知道自己有小鸡鸡，也是在告诉他，他是个男孩子。除了拥有小鸡鸡以外，男孩子还有很多心理上的特点。告诉豆子，他是男孩子，和爸爸一样，爸爸也是男孩子，其实是在告诉他，他需要向谁认同。这样，豆子会感觉自己和爸爸是一样的，自然就会开始模仿爸爸的行为、处理事情的方式等。更关键的是，豆子需要一个可以让他认同的榜样，认同的概念比模仿要深入得多。模仿他人只能模仿外在，而认同则是很深层的心理机制。模仿的要求是像那个人一样，而认同指的是具有和另一个人一样的气质、性格等。

我在工作中遇见过许多在性别认同方面出问题的求助者，小王就是一个典型案例。

他是个25岁的男孩，但是他的行为举止很像女性，这让他比较困惑。他曾经的恋爱对象是一名比较中性的女同学，但后来他发现那名女同学是双性恋者，他很痛苦。他们分手后，小王一直处于很抑郁的状态中。虽然从外形上看，他是一个很阳刚的小伙子，但是他内心的感受是很女性化的。小王的性取向没有什么问题，只是在处理一些事情的时候，会很女孩子气。他经常哭泣，遇见一些事情的时候，他并不能像很多男性那样果断，而是优柔寡断。他没有变性的愿望，也很希望自己是个真正的男子汉。

小王有个姐姐，做事情反而很麻利，有点男孩气质。小王妈妈经常说自己家的孩子一定哪里出错了，男的像女的，而女的又像男的。这给小王造成很大的困惑。

我们来看看小王的经历。他出生在一个妈妈强势、爸爸弱势的家庭中。从懂事起，妈妈就经常告诉小王："不要像你爸爸那样。"妈妈对小王很好，小王也和妈妈很亲近。"不要像你爸爸那样"就像一个魔咒一般，紧紧地箍住了小王的心。从他有记忆开始，他就与爸爸不亲近，爸爸一直一个人睡觉，小王、姐姐和妈妈三个人一起睡觉。在小王成长的过程中，他身边没有比较强大的男性能让他认同，所以他的性格更接近姐姐和妈妈的性格。姐姐和妈妈虽然比较强势，甚至有点男性特质，但她们毕竟是女性，这就造成小王具有很女性化的气质。而这样的气质，恰恰又非常像小王的父亲。

在与小王讨论的过程中，他回忆起一件很有趣的事。在5岁前，他一直是蹲着小便的，被一起玩的同伴笑后才慢慢站着小便。不过，他还是很喜欢蹲着小便。他大了，知道女性是蹲着小便以后，为自己的喜好自责了很长时间。看来，站着小便或蹲着小便是一种类似仪式的行为，是需要在孩子很小的时候就固定下来的。这样，孩子也会在无意识中不断暗示："我是男孩子"或者"我是女孩子"。

我问小王，他是什么时候知道自己是男孩的。他告诉我5岁，上一年级的时候，他才确定自己是男孩。我问他为什么？他说他也不知道，几乎没有人告诉过他他是男孩子，偶尔有人说，他也只相信妈妈，可妈妈告诉他："不要像你爸爸那样。"

随着小王的年龄越来越大，很多冲突逐渐引发，而埋下冲突的基础的就是，一开始没有被性别定向。

从小王的故事中我们可以看出，妈妈给小王的性教育是失败的。她把对男性的不满都转移到了小王身上。妈妈对爸爸的不认同，带给小王很多烦恼；爸爸没有尽到做父亲的责任，也给小王的成长带来很多不利的影响。

　　3岁左右的孩子,开始进入性蕾期,这是孩子开始辨认不同性别的时期。这时候的性教育既包括告诉宝宝,男孩有小鸡鸡、女孩蹲着尿尿一类的知识,还包括通过良好的家庭关系、适当的教育和训练,让他们顺其自然地了解男孩与女孩有差别,认同自己的性别。

6.6 小鸡去世了
——让宝宝在照料中体会爱

豆妈：豆子对生命的体会 ／ 3 岁

我家豆子的名字起源于《窗边的小豆豆》，我在生他之前看过这本书，并且书中名叫小豆豆的女孩给我留下了良好印象，其中一篇关于小豆豆养小鸡的故事尚令我记忆犹新。数年之后，我家豆子与书中的小豆豆遭遇了同样的事。

书中的小豆豆执意要养小鸡，对劝阻她的爸爸妈妈说那是她一辈子的心愿，结果她将小鸡带回家养了几天后，小鸡死了。

第一次读到这个故事时，我还不是豆妈，当时我便想起了自己的童年，想起了那些毛茸茸、黄澄澄的小鸡那么娇小可爱，真叫孩子们无法抵挡。

对于稚嫩生命的怜爱没有时代和国界之分，因此当豆子跟随我和豆爸经过菜市场，看到卖小鸡的摊档时也挪不动步了。豆子蹲下来看，那些黄色的小鸡在竹匾里挨挨挤挤，叽叽叽地叫，好像在跟面前的豆子说："快带我回家吧。"豆子显然被打动了，转过头对我们说："买一个好吗？"这话和书里的小豆豆说的一样。

我们也像书中小豆豆的父母一样，发自肺腑地劝阻豆子："小鸡太小了，很容易死，到时候你会难过的。"但我们接下来的对话就不像原著那么有水平了，豆子不会拿出"这是我一辈子的心愿"这么有煽动性的理由，他毕竟还稚嫩了点，没有什么谈判技巧，只是执拗地说："小鸡不会死，买一个嘛。"

看到他这么喜欢，我们觉得这是个挺好的机会。不管结果怎样，豆子的需求出于他对生命的喜爱，我们应该尊重他的意愿。与其帮他防患于未然，拒绝让他表达对小鸡的爱，不如与他一起善待生命，而后一切顺其自然。

豆子高高兴兴地捧了一对小鸡回家，之所以是一对，是因为豆子怕一只小鸡会孤单。豆爸在一个鞋盒子里铺上旧棉布，给小鸡做了窝。豆子翻出一个玩具碗，接了清水给小鸡喝。现在，他要担负起照顾小鸡的责任了。对此，他非常荣幸。没有小鸡的时候，豆子是家里最小的，是所有人的照顾对象。有了小鸡，豆子就升级成哥哥了，小鸡唤起了他保护弱小的爱心。

豆子吃饭之前，先喂小鸡吃饱。他殷勤地递上青菜、小米，还以己度人给它们巧克力，招呼小鸡们："多吃点儿，多吃点儿。"看到小鸡啄了青菜和小米，豆子心满意足地坐在饭桌前吃饭。

那几天早上，豆子醒来后本来赖在被窝里不动，我说"小鸡都起床啦"，他就一骨碌爬起来，裤子都不穿就跑到厨房里看小鸡，可见小鸡的吸引力有多大。

他喜欢小鸡，比起那些漂亮却没有生命力的抱抱熊和小丑鱼来说，小鸡是鲜活而娇小的生命，这一点和豆子自己一样，也许他们之间惺惺相惜。但是，豆子的喜欢让小鸡有点承受不住，有次他把小鸡捏在手里玩，要不是我及时救下，小鸡就翻白眼了。

即便如此，我们担心的事情还是发生了，两只小鸡也许天生体弱或者不适应鸡场外的养殖环境，到我们家后的第3天都倒在盒子里，合上了眼睛。

午睡醒来的豆子去叫小鸡起床，却发现小鸡怎么也不动了，我告诉他，小鸡去世了。豆子问："什么是去世？"我告诉豆子："去世就是死了，小鸡离开我们了，不回来了。"于是，豆子伤心起来。他心爱的小鸡死了，他发现死原来是这么冰冷的事实，小鸡的绒毛不再柔软，乱糟糟地纠结在身上，豆子的眼泪掉下来了。这是他第一次这么近距离地了解死亡，站在他身边的我能感受到他的难过，我想为他做点什么，和他一起经历这样悲伤的分离。

我带豆子到楼下花园里，我们一起用小铲子在一棵矮灌木的下面挖了个小小的坑，把小鸡放了进去，盖上土。我们堆了一个小小的土包，还在上面插了一点黄色的绒毛，小小的绒毛在风中轻轻地飘。我给豆子一朵花，跟他说："你把花儿送给小鸡吧，表示你和它们说再见，表示你爱它们，会想它们。"豆子小声地说："小鸡小鸡，再见啦。"

我在心里感谢小鸡，它们让豆子，也让我和豆爸感受到生命的脆弱与可贵。

心理师爸爸的分析：在照料中体会爱

> 宝宝养宠物，从被照料者过渡到愿意去照料别人的人，
> 这是一种成长。在照料中体会爱。建立了关系，就会有分离。
> 分离的哀伤表达了，才不会因为害怕分离而不建立关系。

豆子开始体会爱的含义：爱就是付出，是一种相互之间的支持。

◇ 角色转换带来成长

豆子养小鸡，我非常支持。从一个被照料者过渡到一个愿意去照料别人的人，本身就是成长。我们一定要鼓励这样的动机。

3岁的豆子照料小鸡的能力是很弱的。假如我们有养小鸡的经验，愿意帮助他，一起照料，就可能养活小鸡，豆子也可以完成做好照料者的愿望。在这个过程中，他努力地照顾小鸡，付出爱，在照料中感受爱和责任，会为他将来如何照顾别人打下基础。这在心理发育的过程中来说，是非常重要的。

另外，现在不少家庭的孩子都是独生子女，对孩子来说，拥有了一个小宠物，意味着在成长的路上拥有了一个"小伙伴"。

◇ 在照料中学习爱

宝宝对待宠物的态度，反映了妈妈对宝宝的照顾方式。在照顾宠物时，宝宝把宠物看成自己，把自己变成妈妈。成人也会出现这样的状态。

宝宝慢慢地会认同妈妈照顾他的方式，会用感受到的照顾方式

去照顾其他人。这会帮助宝宝进行自我认同。同时，这也是一个转换过程，这个过程尤其重要，宝宝如果在这个过程中受阻或遭遇挫折，就会形成一种不良认知，影响他将来的人际关系。

一位妈妈向我求助时说，她的孩子 7 岁了，但根本就没有其他人的概念，永远只想着自己。她问我，为什么现在的孩子如此自私？她还给我举了几个例子，其中一个例子就是她的儿子和同学在一起时发生的事。

一次，同学到他的家里玩，两个男孩都希望在电脑上玩自己喜欢的游戏，而家里就一台电脑，矛盾就这么发生了。这位妈妈发现，儿子非常霸道，根本不让同学玩，当同学要求玩一下的时候，儿子的态度很凶恶。同学忍不住哭了，表示要回家。妈妈让儿子对同学的态度好点，并希望儿子可以妥协，挽留自己的同学。没想到儿子大声地对她说："他生气关我什么事情，他自己要回去的，那就随便他好了。"然后头也不回地对同学说："你走吧，以后再也不要来了。我懒得理你。"

妈妈很生气，开始指责儿子，教育他要懂礼貌，懂得尊重和顾及别人的感受。儿子听不进去，还对妈妈大声抗议："别人的事情，关我屁事。"

经过这一次冲突，妈妈很担心儿子的人际关系，她回想儿子在生活中的表现，发现他从来没有照顾别人的表现，连关心都没有。那一刻，她心里很酸楚，她感到一阵紧张和害怕，儿子在她心中忽然变得像个小恶魔。

我能理解这位妈妈的害怕，因为她发现儿子身上没有"爱"。她告诉我，儿子小的时候不喜欢小动物，他们家曾经养过一只小狗，但因为小狗承受不了儿子的折磨，他们就把小狗送给别人了。儿子对比自己小的孩子几乎没有流露过喜欢，甚至还把别人家的小孩打哭过几次。她不知道为什么儿子的攻击性那么强，没有容纳别人的能力。

我引导她回顾自己带儿子的经历，她后来承认问题可能出在自己身上。

这位妈妈很能干，孩子从小就由她自己带。她和婆婆的关系非常不好，经常当着孩子的面指责婆婆。婆婆很疼爱这个孩子，当孩子对婆婆有一些亲热行为时，她就会很生气。孩子两岁时，婆婆带着孩子上街，给他买了两条金鱼，他很高兴。这位妈妈看见后很生气，把自己对婆婆的不满发泄到了金鱼的身上，在孩子面前把金鱼踩死了。孩子伤心地哭了，她还不断指责孩子，当然也骂了婆婆。

从那以后，孩子也开始呵斥奶奶。孩子4岁的时候，老人终于忍不住回乡下去了。没过多长时间，老人因为心脏病去世了，这位妈妈带孩子去了乡下一天，料理了丧事，孩子在参加老人的告别仪式时，没有表现出任何哀伤，很漠然。

其实，这个孩子出现这样的表现是因为他认同了妈妈对待奶奶的方式。

爱是一种能力，包含照顾、体谅、宽容和接纳。这个孩子两岁时本应开始无意识地认同爱，却在爱人的体验中受到了挫折，他身边没有一个好的客体能够让他认同，连表达哀伤的机会都被他妈妈剥夺了。这位妈妈的做法给孩子造成了巨大的创伤，孩子需要用很长时间来修复爱的能力。

◇ **如果宠物去世了**

建立了关系，就意味着会有分离的时刻。假如养的宠物夭折，可能会让宝宝产生分离创伤。如何帮助宝宝接受与宠物之间的分离呢？这就需要我们给宝宝一个表达哀伤、接受分离的过程。哀伤表达了，分离才会被慢慢接纳。豆子和妈妈一起完成哀悼的过程，这样，豆子会愿意建立新的关系，而不会因为害怕分离而不建立新的关系。

有些人不谈恋爱或者不敢谈恋爱，很可能就是因为他们在建立爱的关系的过程中受过挫折，害怕分离的感觉。

我自己3岁时养过一条狗，那条狗陪伴了我14年。它去世的时候，我在外地求学，没等我见它最后一面，它就被我奶奶扔了，我没有机会表达出我的哀伤，因此我不再愿意养狗了。20年后，我在网上写下了自己与那条狗的故事，终于表达出埋藏在心里的哀伤。

等小豆子4岁的时候，我愿意和他一起养一条小狗，让小豆子和小狗相互陪伴、一起成长。

6.7　生命中的第一朵"小红花"
——分享成功，培养自信

豆妈记录：生命中的第一朵"小红花" ／ 3 岁

入冬了，傍晚的空气凛冽，天早早地黑了。

赶回家时，我远远就看见豆子和豆子外婆在路灯下的身影。我跑过去抱起豆子，问："这么冷还出来玩啊？"豆子外婆说："他非要到外面等啊，你看看，我们豆子今天有什么不一样？"一边说着，一边朝我使眼色。

哎哟，可不是吗，豆子额头正中贴了一颗五角星，映得一张小脸熠熠生光，没有正形的我马上想起了周星驰饰演的九品芝麻官——包龙星，扑哧一下笑出声。单纯的豆子哪知道我想的是这一出，以为我开心是因为他得奖，也嘿嘿地笑起来。

我非常惊喜地问豆子："好亮的星星啊，哪儿来的？"等待这个问题已久的豆子昂起他的小头颅，骄傲地说："我得的！是杨老师奖给我的。"乖乖，不得了，这是我们豆子人生中的第一个奖项啊，意义非凡，一定要引起重视。

话说每个人都有属于自己的童年经历，关于荣誉的那部分总是留给我们别样的回忆。在幼儿园或者小学时，因为某次表现得良好，老师颁给我们一朵小红花，心里那个美啊，笑起来都是甜滋滋的。在我们那个年代，小红花是绝对有代表性的奖励，大人们关切的问句就像著名广告词："今天，你得小红花了吗？"

时过境迁，小红花升级换代了许多次，随着科技发展和物质丰富，小红花衍变成了多种样式的小物件，譬如棒棒糖、铅笔、各色贴纸（豆豆的小星星），其不变的核心是：该奖励来自官方，代表教育权威的认可，其附加的精神价值远超物品的实际市值，借用一下某国际知名品牌的广告语：小红花，"你值得拥有"。上了一阵幼儿园（小学），在集体生活中几经沉浮，若是拿不到几朵小红花，不免叫人遗憾，也间接说明能力不被认可。

眼下，新时代的小红花化作一颗夜光星星，在我儿子的大脑门儿上闪闪发亮，伴着他上蹿下跳，耀眼得很。

豆爸回家后第一时间也被这颗星星闪花了眼睛，惊喜了一番。为了物尽其用，使小星星的教育价值得到充分发挥，我们坐在一起分享豆子小朋友的收获。

"老师为什么给你小星星啊？"

"我做早操做得好。"

"每个小朋友都有吗？"

"只有我、欢欢，还有佳宁有。"

"呀，我们豆子真棒！你们3个比其他小朋友做得更好、更认真，是吗？"

"嗯！"

"我们大家都想看看豆子做操，请你给我们表演一个吧。"

应广大观众的热情要求，豆子卖力重演在幼儿园做早操的过程，又唱又跳："早上空气真正好，我们大家来做操。伸伸臂，伸伸臂；弯弯腰，弯弯腰；踢踢腿，踢踢腿；蹦蹦跳，蹦蹦跳。天天做操身体好。"

表演完毕，观众们热情鼓掌，豆子有点不好意思地跳上我的大腿，估计从此爱上做早操。爸爸还表示很羡慕豆子，可以得到这么漂亮的星星，赶明儿要去和小朋友们一起做操。豆子不屑地说："这是小朋友做的操，你都这么大了。"言下之意是："你好意思吗？"一盆凉水浇熄豆爸的参与热情。

该睡觉了，洗完澡的豆子钻进被窝，小星星还完好地保留在豆子的脑门儿上，我亲亲他的脸颊，跟他说："豆子加油，明天再得一颗小星星，行吗？""行！"呵呵，自信满满啊。

心理师爸爸的分析：分享成功，培养自信

每个人都需要被别人认同，并以此进行自我认同。获得"小红花"代表老师的认同，宝宝体验到了满足，这时，让宝宝分享喜悦变得很重要。在宝宝需要分享时，你的表现及格吗？不要打击宝宝的分享热情，不要让他产生自我价值感的冲突。

豆子开始有荣誉感，懂得用成就感满足自己了。当然，他也体会到了什么叫骄傲，什么叫自信。

每个人都需要被别人认同，并以此进行自我认同。豆子的小星星就是老师对他的认同，为此小豆子很开心。由于获得了别人的认同，小豆子更自信，更愿意表现和表达自己。

怎样认同孩子的行为，而不是用孩子的行为满足自己呢？这是一个关于程度的问题。其实，任何心理问题都是关于程度的问题。比如，每个人都会焦虑，焦虑症就是焦虑的程度太高，而且泛化了。

豆子体验了一次他自己认为很满足的事情，这时，让豆子分享就很重要。宝宝都愿意和自己最亲密的人分享，而被分享的人的表现会直接影响宝宝的分享。分享就是把自己的快乐、满足或者悲伤与他人一起感受、体会。豆子的分享体验被我们认同后，他也会懂得接纳他人分享的情感和情绪。

很多人是不懂得分享的，这与他们幼年的经历有很大的关系，我们不妨看看以下几个片段：

宝宝甲在幼儿园得到了第一朵小红花，回到家里非常开心地告诉妈妈。妈妈很高兴，肯定了他，在肯定后，妈妈又开始教育他："一定要乖，老师喜欢乖宝宝。"宝宝甲听后，会很听话，但同时，他也会感到自己的努力都被否定了。为什么？因为"老师喜欢乖宝宝"。宝宝甲会认为，原来能不能得到小红花要看老师喜不喜欢，而不是自己做得好不好。那么宝宝甲就会开始学习怎样能讨好老师。

宝宝乙得到了一朵小红花，回家给妈妈看。妈妈也很高兴，肯定了宝宝。接下来，妈妈也开始教育宝宝乙："一直得小红花的才是好宝宝。"宝宝乙开始努力得小红花，但只要有一次没有得到小红花，他就会备感挫折，认为自己不是好宝宝了。为什么？因为妈妈说只有一直得小红花的才是好宝宝。

宝宝丙得了小红花，回家给妈妈看。妈妈看了，随口应一句："哦，宝宝很不错哦。"然后接着做自己的事情。宝宝丙感觉到妈妈似乎并不感兴趣，并不想接纳自己分享的满足感，宝宝受挫了。他一方面感觉妈妈不重视自己，另一方面感觉自己得小红花就好像吃饭、睡觉一般，没有任何特殊的意义。慢慢地，宝宝丙可能对获得小红花这样的荣誉就没有兴趣了。

宝宝丁得了小红花，回家后给妈妈看。妈妈很高兴，抓起宝宝丁又亲又啃，表达了很多肯定，并告诉他："宝宝是世界上最厉害的，比其他宝宝都好。"妈妈把这件事情告诉身边的所有人，然后在别人面前表达宝宝丁有多么了不起。宝宝丁很高兴，但他也很疑惑，为什么妈妈比自己还开心？宝宝开始知道怎么取悦妈妈，从此，小红花就成了满足妈妈的东西。

可见，当孩子分享时，妈妈的反应如此重要。怎样和宝宝分享喜悦是需要父母学习的。

小红花是肯定，是形成荣誉感的开始。这是在宝宝成长过程中很重要的仪式性的东西。宝宝获得小红花，怎样让宝宝通过这件事能够认同自我价值是非常重要的。因此，爸爸妈妈的表达和反馈很关键。

我的很多来访者有自我价值感的冲突，他们的主要表现就是追求完美，总感觉自己做得不够好。他们的父母是怎样对待自己孩子的分享的呢？"挫折教育"是父母们经常用的方式。最典型的"挫折教育"就是比较。当孩子考了98分时，他们的父母不是肯定他们，而是说："不错，但没有考100分。"当他们考了100分时，他们的父母又说："不要骄傲，比你厉害的人还有很多，每次都考100分才厉害。"当他们考了 3 次 100 分时，他们的父母又说："你看人家小明，几乎所有科目的成绩都是满分。"孩子在如此的"挫折教育"中，永远无法得到父母肯定，也永远觉得自己做得不够好。这是很糟糕的教育方式。

豆妈对豆子说"明天再得一颗小星星"，无意中会给豆子压力。换了我，我会这样告诉豆子："看到你得小红花很开心，爸爸也很开心，并为你感觉骄傲。不管怎样，爸爸一直认为豆子是非常棒的。"

自尊、尊重别人是社会活动中人际关系和谐的基础。自尊是在被他人肯定的基础上发展出来的。自尊的基础是具有自我价值感，一个感觉自己没价值的人，是很难有自尊的。低自尊的人对别人是否尊重自己特别敏感，他们也很难懂得怎样尊重别人。

豆子通过努力做早操获得了自我满足的成就感。这样的成就感在分享的过程中不断地被我、豆妈、豆子外婆检验。家长的肯定让豆子的自我满足感更强烈，他会更愿意通过自己的努力完成他需要承担的任务，为自己的行为负责。这是一个良性的循环，相信豆子会变成自信、自尊和自爱的宝宝。

我没有奢望豆子成名成家，我只希望豆子能做一个自信、自尊和尊重别人的人。在人际关系中，他愿意分享，并在彼此分享中获得快乐。这样的豆子，将会健康、幸福。